Die finanzwirtschaftliche Stellung der kommunalen Gaswerksunternehmen

und das

Problem der rationellen Licht-, Kraft- und Wärmeversorgung von Stadt- und Land- Gemeinden

Von

Dr.-Ing. F. Greineder,

Köln a. Rh.

———

Mit zwei Tafeln

München und Berlin.
Verlag von R. Oldenbourg.
1913.

Die finanzwirtschaftliche Stellung der kommunalen Gaswerksunternehmen

und das

Problem der rationellen Licht-, Kraft- und Wärmeversorgung von Stadt- und Land-Gemeinden

Von

Dr.-Ing. F. Greineder,

Köln a. Rh.

———

Mit zwei Tafeln

München und Berlin.
Verlag von R. Oldenbourg.
1913.

SONDERABDRUCK

aus dem Journal für Gasbeleuchtung und Wasserversorgung

Nr. 31 vom 3. August, Nr. 34 vom 24. August. Nr. 35
vom 31. August und Nr. 51 vom 21. Dezember 1912.

Herausgegeben von **Dr. H. Bunte**, Karlsruhe.

Die finanzwirtschaftliche Stellung der kommunalen Gaswerksunternehmen

und

das Problem der rationellen Licht-, Kraft- und Wärmeversorgung von Stadt- und Landgemeinden.

Von Dr.-Ing. F. G r e i n e d e r, Köln a. Rh.

(Mit Tafel I und II.)

E i n l e i t u n g.

Die mangelhafte Ölbeleuchtung der öffentlichen Straßen zu
verbessern, ohne die Gesamtaufwendungen für die öffentliche
Beleuchtung wesentlich oder gar nicht erhöhen zu müssen, gab den
meisten deutschen Städten ursprünglich Veranlassung zur Errichtung bzw. Konzessionierung eines Gaswerkes. Durch Jahrzehnte
hindurch blieb die Straßenbeleuchtung das Hauptabsatzgebiet der
so geschaffenen Gaswerke, neben dem sich die private Verwendung
des Gases nur sehr allmählich entwickelte. Erst die Vervollkommnung in der Gasverwendung wie auch in der Gaserzeugung im letzten
Viertel des vorigen Jahrhunderts brachte den meisten deutschen
Gaswerken eine raschere Steigerung des Privatgasverbrauches.
In dieser Zeit wuchsen aus den deutschen G a s a n s t a l t e n die
kommunalen Gaswerks u n t e r n e h m e n heraus, und die deutschen Gemeinden traten nunmehr mit der offenen Gewinnabsicht
eines Unternehmers energisch an die Ausbreitung des Gasabsatzes
heran. Unter reger Beteiligung an der Entwicklung der Gastechnik
haben sich die kommunalen Gaswerksunternehmen seither die sich
rasch folgenden technischen Errungenschaften zu eigen gemacht
und haben dadurch einen sehr raschen Aufschwung genommen,

1

der die Stadtsäckel mit reichem Unternehmergewinn füllte. Die kommunalen Gaswerksunternehmen wurden damit die erste und bis jetzt auch die schönste Frucht des in Deutschland so eifrig gepflegten Munizipalsozialismus. Die letzten Jahre haben eine unverkennbare Minderung dieses allgemeinen Aufschwunges gebracht. Durch die Konkurrenz der Elektrizität traten die Gaswerksunternehmen seit Beginn dieses Jahrhunderts immer mehr aus dem Bannkreis ihrer Monopolstellung heraus und sahen sich vor wenigen Jahren trotz der bedeutenden technischen Fortschritte der Gastechnik mit ziemlicher Plötzlichkeit einer neuen Lebenslage gegenüber. Weit entfernt, daß damit die lang prophezeite Überwucherung des Gases durch die Elektrizität zur Wirklichkeit geworden ist; durch die technischen Errungenschaften war die Gasindustrie in sich bereits derart gefestigt, daß von einer Niederringung des Gases durch die Elektrizität (eine Ansicht, die dank der bewußten Nährung von elektrotechnischer Seite noch heute zahlreiche Köpfe beherrscht) ernsthaft nicht mehr die Rede sein konnte. Eine allgemeine Orientierungspolitik war die unmittelbare Folge dieses in Fachkreisen zwar längst gefürchteten, aber nicht so rasch erwarteten Rückschlages bzw. Stillstandes im gewohnten Aufschwung der Gasunternehmen. Gar bald waren die Richtlinien für die neue Lebenslage der Gasversorgungsindustrie gefunden; eine bedeutende Zahl führender Männer wies die Gaswerksunternehmen in ihr ureigenstes Betätigungsfeld als B e t r i e b s unternehmen zurück, aus dem sich diese durch ihre rege Teilnahme an t e c h n i s c h e n Ausgestaltungen etwas verloren hatten, und zeigte, daß in der kaufmännischen Durchbildung der Gaswerksunternehmen der Schlüssel zu weiteren Erfolgen liege.

So setzt denn die neue Ära der Gasversorgungsindustrie vor allem durch eine Reihe kaufmännischer und kaufmännisch-technischer Maßnahmen zur Verbilligung und Vereinfachung des Gasbezuges ein, die Ihnen in ihrer Vielseitigkeit allgemein bekannt sind. Die Gründung einer Anzahl von Vertriebs- und Einkaufsvereinigungen folgte, und in der Zentrale für Gasverwertung wurde eine Schutz- und Trutzstelle für die berechtigten Interessen des Gases geschaffen. Im i n n e r n Verwaltungsbetrieb der kommunalen Gaswerksunternehmen wurde den verschiedenartigen Verwaltungseinrichtungen nach einer gewissen zeitweiligen Vernachlässigung während der technischen Sturm- und Drangperiode wieder erhöhte Aufmerksamkeit zugewandt, und die Bestrebungen zahlreicher Verwaltungen richteten sich mit erhöhtem Interesse auf sorgfältige buchhalterische Durchleuchtung sowohl der Gesamt-

unternehmen wie im besonderen auch der einzelnen technischen Betriebe; auch der Deutsche Verein von Gas- und Wasserfachmännern
hat diese wichtige Angelegenheit zur Sicherung erhöhter Wirtschaftlichkeit der einzelnen Gaswerksunternehmen durch eine besondere
Kommission aufgenommen.

Neben diesen letztgenannten Bestrebungen zur Gewinnung
erhöhter Wirtschaftlichkeit der Gaswerksunternehmen,
zu welcher Angelegenheit ich an anderer Stelle bereits auch das Wort
genommen habe, scheint mir im Rahmen der kaufmännischen
Reformbewegung die Beurteilung der Gaswerksunternehmen nach
ihrer Rentabilität von ganz besonderer Bedeutung. Die Rentabilität, welche naturgemäß und im Gegensatz zur Wirtschaftlichkeit bei kommunalen Gaswerksunternehmen ebensowohl wie
bei jedem Privatunternehmen schließlich ausschlaggebend ist
hat m. E. bis jetzt zu wenig Beachtung gefunden. Eine finanzwirtschaftliche Orientierung für die Gaswerksunternehmen scheint mir unter den heutigen Verhältnissen und aus
den später noch näher zu erörternden Gründen als eine überaus vor-
dringliche Arbeit, weshalb ich es unternommen habe, Ihnen meine
Untersuchungen auf diesem Gebiete vorzutragen. Ich spreche dabei
ausschließlich von den kommunalen Gaswerksunternehmen,
sowohl, weil die kommunalen Gaswerksunternehmen in der überwiegenden Mehrheit gegenüber den privaten Unternehmen sind,
als vor allem, weil bei diesen gewaltige finanzwirtschaftliche Fesseln
bestehen, die zu beseitigen oder doch zu mildern unter den heutigen
Verhältnissen geradezu eine Lebensfrage des Gases ist. Für die
privaten Gaswerksunternehmen, die in freier Konkurrenz stehen,
sind derartige Hemmungen kaum vorhanden; bei diesen liegt es
in der freien Willensbestimmung ihrer Leiter, für dieselben die jeweils günstigste Wirtschaftslage zu schaffen.

I. Die finanzwirtschaftliche Stellung der kommunalen Gaswerks-unternehmen.

1. Die Grundlagen der finanzwirtschaftlichen Beurteilung der kommunalen Gaswerksunter-nehmen.

Wenn auch die kommunalen Gaswerksunternehmen nicht
die Gewinnabsicht mit solcher Ausschließlichkeit und solcher
Schärfe wie ein privates Unternehmen leitet, so besitzt doch auch
bei diesen Unternehmen der Jahresgewinn bzw. Jahres-»Überschuß«
letzten Endes die ausschlaggebende Bedeutung. Kaufmann und

1*

Kameralist kommunaler Gaswerksunternehmen berechnen den
Überschuß am Jahresende mit Sorgfalt und Eifer und vergleichen
ihn mit dem aufgestellten Etat. Der Kameralist im besonderen
schätzt das Gaswerksunternehmen als bedeutendsten »Überschuß-
betrieb«, der großenteils die Deckung für die zahlreichen »Zuschuß-
betriebe« der Gemeinde bringt. Behörde und Stadtverordneten-
kollegium verzeichnen gerne die hohen Summen der Gaswerksüberschüsse und sind zufrieden, wenn dieselben im Rahmen des
Etats geblieben und vielleicht sogar um ein nettes Sümmchen höher
geworden sind. Darüber hinaus aber erfreuen sich die kommunalen
Betriebe kaum einer schärferen Beurteilung ihres finanziellen Erfolges, und doch ist in dieser Beziehung eine weitergehende Verfolgung nach dem Vorbild der Privatunternehmen besonders am Platze.
Erst durch die Beziehung der Überschüsse
auf gewisse Kapitalien, ähnlich der Divi-
dendenberechnung privater Unternehmungen,
ist die Grundlage für die Bewertung des finanziellen Erfolges der kommunalen Betriebsunternehmen bzw. deren Rentabilität gege-
ben. Die Verfolgung der Rentabilität eines Unternehmens in den
Prozentwerten der Überschüsse von gewissen Kapitalien ist unter
den heutigen Verhältnissen für die kommunalen Gaswerksunternehmen eine ebenso zwingende, aber auch aussichtsvolle Notwendigkeit wie die übrige Betätigung dieser Unternehmen nach privat-
wirtschaftlichen Grundsätzen.

Ehe ich jedoch demzufolge im folgenden die finanzwirtschaftliche Lage der kommunalen Gaswerksunternehmen im einzelnen,
in ihrer Gesamtheit und ihrer Beziehung zu den kommunalen-
Elektrizitätswerken auf der Grundlage der prozentualen Überschüsse einer näheren Untersuchung unterziehe, möchte ich noch
kurz darauf hinweisen, wie dem Bedürfnis nach statistischer und
insbesondere auch vergleichender Darstellung der finanziellen
Ergebnisse von kommunalen Gaswerksunternehmen bisher Rechnung getragen wurde. Als einziges Material von umfassender Bedeutung kommen hierbei die Mitteilungen der »Statistischen Jahr-
bücher deutscher Städte« in Frage, in welchen seit den 90er Jahren
unter anderem statistische Zusammenstellungen der finanziellen
Ergebnisse der kommunalen Gaswerksunternehmen gegeben sind.
Diese finanzwirtschaftliche Statistik gibt von einer Reihe von kommunalen Gaswerksunternehmen (von den Städten Deutschlands
mit über 100 000, später über 50 000 Einwohner) Einnahmen und Ausgaben in beschränkter Unterteilung sowie die Überschüsse in den

a b s o l u t e n Beträgen und versucht auch bis zur Ausgabe 1909
(die das Betriebsjahr 1906 betrifft) eine v e r g l e i c h e n d e Darstellung der Hauptposten durch entsprechende Modifizierung der
betreffenden Beträge. In der vorletzten Ausgabe 1910 (betreffend
das Betriebsjahr 1907) wurde diese vergleichende Darstellung
fallen gelassen, da ihr trotz der außerordentlichen Bemühungen zu
ihrer Richtigstellung keine Bedeutung zukam. Aber auch die
übrige Darstellung und Gegenüberstellung der Rechnungsbeträge
hat nach dem eigenen Urteil der Herausgeber des Jahrbuches nur
sehr beschränkten Wert, was man bei näherem Studium der Tabellen
ohne weiteres erkennen kann. Der Verein für Sozialpolitik, der sich
auf seiner Wiener Versammlung (1909) eingehend mit der Frage
der Gemeindebetriebe, insbesondere auch in wirtschaftlicher Beziehung, befaßt hat, war mangels jedweden besseren Materials seiner-
zeit gezwungen, seine diesbezüglichen Verhandlungen auf dem in
den Jahrbüchern gegebenen Material aufzubauen; die nachfolgenden
beiden Haupttabellen (Tabelle I und II), welche bei dieser Gelegenheit aus den Statistischen Jahrbüchern zusammengestellt
wurden, geben ein Bild, wie auf der fraglichen Grundlage kaum
tiefere Einblicke in die finanzwirtschaftlichen Verhältnisse der
Unternehmen gewonnen werden können.

Befassen wir uns nach dieser kleinen Abschweifung nunmehr
etwas näher mit dem aufgestellten Grundsatz, die finanzwirtschaftliche Untersuchung kommunaler Gaswerksunternehmen auf Grund
der prozentualen Überschüsse zu betreiben, so sehen wir alsbald,
daß dieser Grundsatz an sich durchaus noch nicht die notwendige
Eindeutigkeit in sich birgt, wie diese etwa die Dividende für Privatunternehmen besitzt. Vor allem drängt sich die Frage auf, auf
w e l c h e Kapitalien die Überschüsse bezogen werden sollen? Es
kommen hierbei im wesentlichen die beiden Kapitalien in Frage,
die als »Anlagekapital« und »Buchwertkapital« bezeichnet werden.
Das Anlagekapital ist die Summe aller Kapitalaufwendungen für
ein Unternehmen und der prozentuale Überschuß vom Anlagekapital (A-K) dementsprechend der Überschuß pro M. 100 des im
Unternehmen i n v e s t i e r t e n Kapitals. Der prozentuale
Überschuß vom Buchwertkapital (B-K) ist demgegenüber der
Überschuß pro M. 100 des zurzeit noch »a r b e i t e n d e n«
Kapitals. Für die finanzwirtschaftliche Untersuchung eines Unter-
nehmens geben die nach beiden Arten ermittelten Prozentwerte gute
Aufschlüsse, doch sind im allgemeinen hierfür die Prozentwerte
vom Anlagekapital vorzuziehen, da dieselben eine viel größere
Konstanz als die anderen aufweisen; dagegen gibt es viele Fälle,

Tabelle I.

Städte	Der Einnahmeüberschuß betrug in 1000 Mark in den Jahren							
	1896/97	1897/98	1898/99	1899/00	1900/01	1902/03	1903/04	1904/05
Altona	341	395	435	454	596	619	736	728
Barmen . . .	561	609	634	647	582	490	464	637
Berlin	7852	8540	8688	9274	10 242	7275	8947	10 551
Bochum . . .	193	226	246	214	234	239	375	394
Braunschweig .	199	230	253	270	225	251	259	302
Bremen . . .	599	710	748	892	806	640	946	1 441
Breslau . . .	890	1121	1120	1034	1 250	310	1592	1 833
Cassel	—	—	316	280	228	301	356	337
Charlottenburg .	884	855	924	890	1 072	1441	1512	1 884
Cöln	1366	1593	1680	1755	2 140	1773	2013	1 951
Crefeld . . .	431	·	474	410	590	527	696	807
Darmstadt . .	—	—	—	—	—	—	110	359
Danzig	—	290	279	353	—	—	—	—
Dresden . . .	1278	1403	1352	1894	2 256	1940	1788	2 362
Düsseldorf . .	628	747	776	863	983	1050	1153	1 049
Duisburg . . .	152	171	185	218	359	—	—	—
Elberfeld . . .	—	—	—	780	871	813	818	849
Essen	140	326	·	331	556	—	575	593
Freiburg i. Br. .	209	247	288	284	331	340	343	489
Görlitz	126	167	112	193	73	165	195	210
Halle a. S. . .	291	325	294	365	—	360	397	426
Hamburg . .	3180	2939	2871	2982	3 306	3031	4117	5 011
Karlsruhe . . .	530	620	·	651	681	701	756	799
Kiel	134	184	204	233	258	394	338	428
Königsberg . .	358	271	333	167	2	—42	969	698
Leipzig	1116	1251	1261	866	1 352	1322	1328	1 923
Liegnitz . . .	86	109	102	105	26	62	174	127
Lübeck . . .	146	182	183	241	207	279	312	365
Magdeburg . .	667	753	828	789	780	901	945	1 009
Mainz	—	—	—	—	·	·	311	332
Mannheim . .	—	459	—	816	440	578	698	744
München . . .	—	—	—	—	856	709	1079	1 640
Nürnberg . . .	693	761	910	836	901	825	928	1 204
Plauen i. V. . .	230	240	213	231	262	256	503	539
Posen	100	167	·	—	109	30	372	367
Rixdorf . . .	—	—	—	—	—	122	262	605
Spandau . . .	139	108	98	117	100	—	123	137
Stettin	375	382	293	431	284	—	—	757
Stuttgart . . .	—	—	—	—	524	330	423	596
Wiesbaden . .	385	437	355	379	435	435	533	586
Würzburg . . .	—	206	186	218	204	183	301	300
Zwickau . . .	—	—	—	211	—	180	293	265

Tabelle II.

Städte	Auf 1000 cbm Nutzgas kam in den folgenden Jahren eine Mehreinnahme in Mark[1]								
	1896/97	1897/98	1898/99	1899/00	1900/01	1901/02	1902/03	1903/04	1904/05
Altona	74	82	80	77	95	94	85	91	83
Barmen	68	69	66	61	59	—	47	34	46
Berlin	69	73	70	69	73	45	42	48	54
Bochum	55	58	63	53	53	56	53	75	74
Braunschweig .	42	47	48	48	39	34	44	43	45
Bremen	62	70	71	77	65	39	38	49	71
Breslau	62	73	70	88	64	48	14	63	68
Cassel	—	—	68	56	42	44	48	50	45
Charlottenburg .	72	60	54	44	47	47	52	50	55
Cöln	58	64	50	60	66	53	51	56	52
Crefeld	65	—	63	50	69	57	57	69	82
Darmstadt . . .	—	—	—	—	—	—	—	22	73
Dresden	47	49	47	65	70	44	59	50	62
Düsseldorf . . .	51	57	57	58	59	39	54	56	47
Elberfeld . . .	—	—	—	60	63	56	54	52	52
Essen	29	60	—	52	77	72	—	75	48
Freiburg i. Br. .	83	90	94	87	91	88	87	81	108
Görlitz	48	62	38	60	21	40	38	44	43
Halle a. S. . . .	53	56	46	49	—	—	46	49	51
Hamburg . . .	80	71	65	65	68	38	54	69	75
Karlsruhe . . .	67	73	—	69	68	57	67	67	70
Kiel	33	41	64	45	44	38	57	43	54
Königsberg . .	66	46	50	22	—	—61	4	87	56
Leipzig	59	60	58	39	57	48	51	48	65
Liegnitz	58	69	61	60	1	39	29	76	52
Lübeck	48	56	53	65	5	—	62	63	69
Magdeburg . . .	76	79	79	68	63	62	66	67	71
Mainz	—	—	—	—	—	—	—	45	46
Mannheim . . .	—	67	—	106	53	49	61	75	78
München . . .	—	—	—	—	54	83	44	64	89
Nürnberg . . .	78	84	87	68	65	59	53	54	63
Plauen i. V. . .	65	65	60	60	63	55	46	78	75
Posen	33	50	—	—	22	12	5	53	50
Rixdorf	—	—	—	—	—	—	—	50	89
Spandau . . .	93	67	56	68	57	63	64	60	65
Stettin	64	62	43	67	35	51	—	—	69
Stuttgart . . .	—	—	—	—	43	21	23	26	34
Wiesbaden . . .	95	97	73	71	69	77	58	66	70
Würzburg . . .	—	87	75	85	72	78	54	83	83
Zwickau	—	—	—	71	—	44	52	82	72

[1] Um einen Vergleich zu ermöglichen, sind bei den Ausgaben Zinsen, Tilgung und Abschreibung nicht in Ansatz gebracht.

wo die Prozentwerte vom arbeitenden Kapital das höhere Interesse bieten. Für den finanzwirtschaftlichen V e r g l e i c h von Unternehmen kommen gleichfalls beide Prozentwerte in Frage, doch verdient im allgemeinen auch hierbei der Prozentwert von Anlagekapital den Vorzug, da infolge der bei verschiedenen Unternehmen sehr verschiedenen Bemessung der Abschreibungen die jeweiligen Jahres-Prozentwerte vom Buchwert zu sehr von hohen oder niederen Abschreibungsleistungen früherer Jahre beeinflußt werden. Ist hiernach der Vergleich der finanziellen Jahresergebnisse zweier kommunaler Gaswerksunternehmen auf Grund der Prozentwerte vom Buchwertkapital unzweckmäßig, so bildet er im vollen Gegensatz hierzu die einzig richtige Basis, sobald es sich um die Gegenüberstellung zweier k o n k u r r i e r e n d e r Unternehmen, wie der kommunalen G a s - und E l e k t r i z i t ä t s unternehmen, handelt; denn hierbei steht ohne Rücksicht auf frühere Zeiten einzig und allein in Frage: was können diese Unternehmen gegenwärtig bzw. für die Folge leisten, und wie rentieren sich die in diesen Unternehmen arbeitenden Kapitalien gegenwärtig und für die Folge? Haben wir uns so einige Klarheit über das Anwendungsbereich der auf die verschiedenen Kapitalien bezogenen prozentualen Überschüsse verschafft, so zeigt uns gerade der Hinweis auf die Gegenüberstellung von Gas- und Elektrizitätswerksunternehmen, daß die »Überschüsse schlechthin« keine ausreichende Grundlage für deren finanzwirtschaftliche Beurteilung bilden können. Die Unbeliebtheit ausreichender Abschreibungen tritt bei Elektrizitätswerken ganz besonders stark zutage und blüht mit dem zunehmenden Erweiterungsbedürfnis der Elektrizitätsindustrie in einem Umfange weiter, daß ein Vergleich der wirklichen oder Nettoüberschüsse, als der zu anderen Zwecken f r e i v e r f ü g b a r e n Überschüsse, zu einem vollständig irreführenden Ergebnis führen würde. Ein maßgebender finanzwirtschaftlicher Vergleich von kommunalen Gas- und Elektrizitätswerksunternehmen kann unter diesen Umständen zunächst allein auf der Grundlage der prozentualen B r u t t o - überschüsse erfolgen, d. s. die Überschüsse vor Verausgabung der Beträge für Zinsen und Abschreibungen aller Art; denn nur in diesen zeigt sich das vergleichbare Gesamtergebnis dieser beiden Konkurrenten ohne Rücksicht auf eine Beschönigung durch zu geringe Abschreibungen auf einer Seite.

2a. Die finanzwirtschaftliche Stellung der kommunalen Gaswerksunternehmen im einzelnen.

Lassen Sie uns nunmehr nach den vorentwickelten Grundsätzen an die gestellte Aufgabe herantreten. Meinen Ausführungen lege ich das Zahlenmaterial einer Reihe von Städten zugrunde, von denen in der einschlägigen Literatur, aus Jahresberichten und Zeitschriften nur irgend etwas Authentisches zu entnehmen war; von einer direkten Anfrage bei den Betriebs- bzw. Stadtverwaltungen habe ich aus verschiedenen Gründen abgesehen. Wenn mein Zahlenmaterial dürftig erscheint, so darf ich daran erinnern, wie außerordentlich schwierig es unter den heutigen Verhältnissen ist, tiefer in die sorgfältig gehüteten Geheimnisse der Finanzwirtschaft kommunaler Unternehmen einzudringen. Ich hoffe, daß es mir trotzdem gelingen wird, Ihnen auch an Hand des beschränkten Materials das Wesentliche vorzuführen; vielleicht bleibt es einer weiter ausgreifenden Organisation überlassen, vollständigeres Material beizubringen, worauf ich später nochmals zurückkommen werde. Irgendwelche Namen nenne ich bei diesen meinen Ausführungen natürlich nicht, auch beziehe ich mich ausschließlich auf Prozentzahlen, so daß auch hieraus Schlüsse auf die betreffenden Städte bzw. Unternehmen nicht gezogen werden können; auf diese Weise bleibt mir zu meinen Darlegungen die Freiheit des Urteils, ohne, wie ich zuversichtlich hoffe, jemandem zu nahe zu treten.

Zur Charakterisierung der finanzwirtschaftlichen Stellung der kommunalen Gaswerksunternehmen sei im folgenden nun zunächst an Beispielen die finanzwirtschaftliche Untersuchung einzelner Gaswerksunternehmen nach den bisher entwickelten Grundsätzen durchgeführt.

Beispiel I: Die folgenden Diagramme (Fig. 1, 2 u. 3) geben die entsprechenden Werte eines städtischen Gaswerksunternehmens, von dem mir mit das vollständigste Material zur Verfügung stand. Die Kurve 1 der Anlagekosten (Fig. 1, *A-K*) zeigt eine sehr stetige Entwicklung des betreffenden Gaswerksunternehmens (kurz unterbrochen durch umfangreichere Neuanlagen im Jahre 1882) bis in die letzten Jahre, mit denen ein sehr verstärktes Tempo in der baulichen Entwicklung einsetzte; der Sprung der Kurve im Jahre 1906 nach unten ist die Folge einer Neueinschätzung und Herabsetzung des Anschaffungswertes. Der Verlauf der Buchwertkurve (Kurve *B-K*) zeigt neben den beiden scharf gezeichneten Bauperioden 1882 und 1907 einen bemerkenswert regelmäßigen Abfall,

2

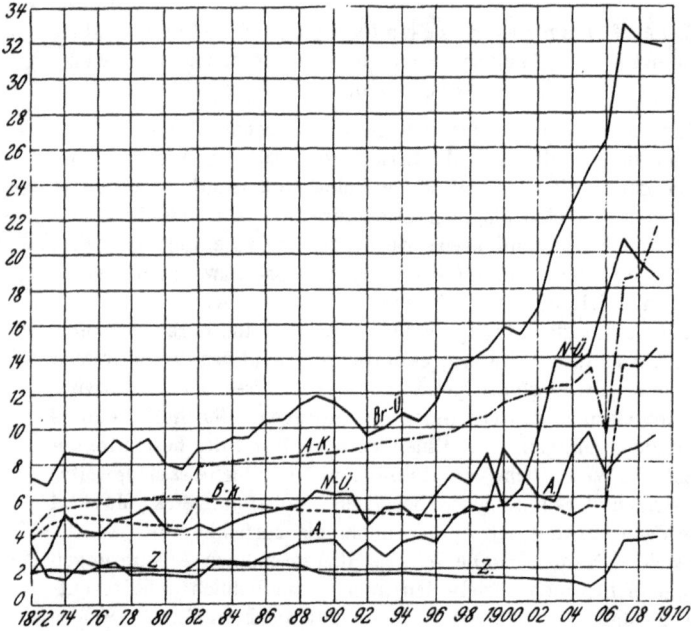

Fig. 1. Absolute Werte zu Beispiel I.

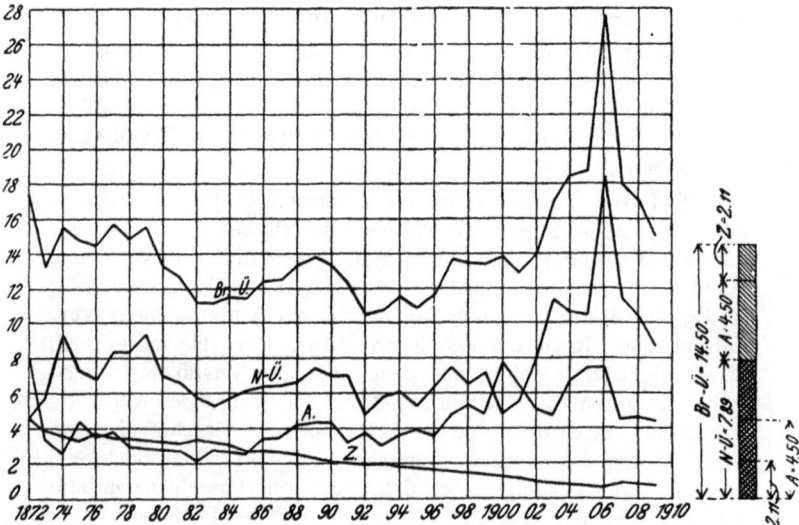

Fig. 2. Prozentwerte vom Anlagekapital zu Beispiel I.

der eine klar geregelte Finanzwirtschaft erkennen läßt. Die durchaus gesunden Finanzverhältnisse des betreffenden Unternehmens
kommen sehr klar in den Kurven *Br-Ü*, *N-Ü* u. *A* zum Ausdruck, in-

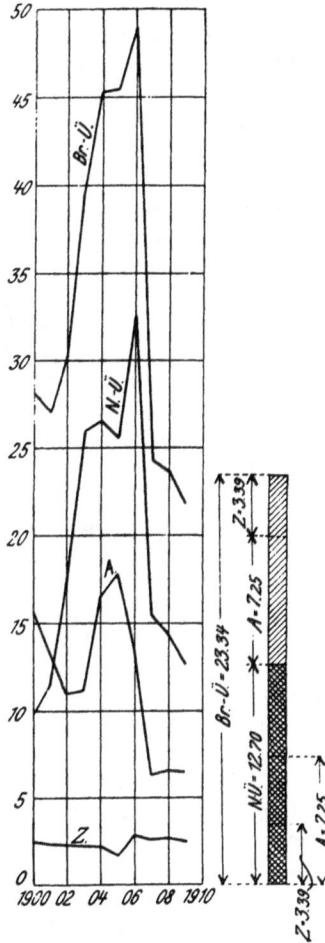

Fig. 3. Prozentwerte vom Buchwertkapital zu Beispiel I.

dem mit Einsetzen stark gesteigerter Bruttoüberschüsse (Kurve *Br-Ü*)
gegen Ende des vorigen Jahrhunderts eine starke Zunahme der
Abschreibungen (Kurve *A*) eintritt, welche die Nettoüberschüsse

2*

(Kurve N-$\ddot{U}$) stets in beachtenswertem Abstand den Bruttoüberschüssen folgen läßt. Der Verlauf der Zinskurve (Kurve Z) zeigt die
regelmäßige Abtragung der Schulden; die vom Neubaujahr 1907 ab
stark erhöhten Zinsbeträge haben im Verein mit den weiter gesteiger-
ten Abschreibungsbeträgen eine wesentlich vermehrte Spannung zwischen Brutto- und Nettoüberschuß zur Folge, die durchgehalten wird,
obwohl sie sogar mit einer wesentlichen Verminderung der absoluten
Nettoüberschüsse verbunden ist. Das vorstehende Bild der finanzwirtschaftlichen Stellung des behandelten Gaswerksunternehmens
erfährt durch das folgende Diagramm der Prozentsätze (Diagramme
Fig. 2) eine wesentliche Vertiefung. Dieses Diagramm zeigt vor
allem die sehr günstige Rentabilität des Unternehmens, indem dem
ersten Jahrzehnt mit sehr hohen prozentualen Überschüssen (durchschnittlich ca. 15% Bruttoüberschüsse und 8% Nettoüberschüsse)
eine lange Periode mit zwar etwas ermäßigten, aber immerhin hohen
und regelmäßigen Renten von durchschnittlich 12,5% Bruttoüberschüssen und 6,5% Nettoüberschüssen bis zu Anfang dieses
Jahrhunderts gefolgt ist, die das betreffende Gaswerksunternehmen
nicht nur als ein sehr fruchtbares sondern auch sehr sicheres Unternehmen kennzeichnen. Von den ersten Jahren dieses Jahrhunderts
ab sehen wir ein besonders starkes Ansteigen der Prozentwerte
der Brutto- und Nettoüberschüsse, was eine sehr vollkommene Ausnutzung und Ausgestaltung eines vor dem Neu- und Umbau stehen-
den Werkes erkennen läßt; zum Teil allerdings ist die Steigerung
ohne Zweifel auch in dem allgemeinen Aufschwung dieser Jahre be-
gründet. Sehen wir von den Spitzen der Kurven Br-$\ddot{U}$ u. N-$\ddot{U}$ i. J. 1906
ab, die durch die Herabsetzung der Anlagekosten bedingt sind, so
zeigt sich doch nach dem Neubau ein deutliches Sinken der Rentabilität, und zwar so stark, daß im Jahre 1909 sowohl beim Bruttoüberschuß wie beim Nettoüberschuß Prozentsätze erreicht werden,
die nur mehr wenig über den Durchschnittssätzen für die gesamte
Betriebszeit mit 14,5% Bruttoüberschuß und 7,9% Nettoüberschuß
(s. Nebenfigur in Diagramm Fig. 2) liegen. Wenn auch damit noch
keine bündigen Schlüsse über die Rentabilität des Unternehmens
in den kommenden Jahren gezogen werden können, so zeigt der Abfall der Prozentsätze (trotz der künstlichen Steigerung derselben
durch die Herabsetzung des Anlagewertes) doch ganz allgemein
die Tatsache, daß manche und selbst gut fundierte Unternehmen oft
schwer unter den hohen Anlagekosten zu tragen haben, die die technische Entwicklung bei Gaswerksunternehmen gebracht hat. Die
Kurve A der Abschreibungen gibt klar zu erkennen, daß da Unternehmen in sehr gesunden Bahnen geleitet wird, indem nicht nur

seit Gründung des Unternehmens gleichbleibende und verhältnismäßig hohe Abschreibungen von nicht ganz 3½% durchschnittlich
bis Mitte der 90er Jahre getätigt werden, sondern die Prozentsätze
der Abschreibungen von da ab bis zum Jahre 1906 eine dauernde
Steigerung erfahren haben, jedenfalls in der Erkenntnis, daß die
annähernd 3½% Abschreibungen in den ersten 25 Jahren nicht
genügt haben, um den wahren Wert des Werkes im Jahre 1906
zu erreichen; nach der künstlichen Herabsetzung der Prozentsätze
ergeben sich in der Tat die Abschreibungen zu über 4½%. Betreffend
die Zinssätze (Kurve Z) ist nach dem Vorausgehenden nichts We-
sentliches mehr hinzuzufügen; nach der Nebenfigur ergeben sich
die Zinsen zu durchschnittlich 2,1%. Hierbei möchte ich auch bemerken, daß die Vergleiche der jeweiligen Jahressätze mit den Durchschnittssätzen für eine Reihe von Jahren brauchbare Aufschlüsse
über den Verlauf der Rentabilität des Unternehmens geben.

Neben den vorbesprochenen Prozentsätzen vom Anlagekapital
wurden im vorliegenden Falle auch die Prozentwerte vom Buchwertkapital (Diagramm Fig. 3) für die Jahre vom Jahre 1900 ab
ermittelt; im wesentlichen weisen dieselben die nämlichen Gesichts-
punkte nach, die eben bei der Besprechung der Prozentwerte vom
Anschaffungswerte geschildert wurden. Absolut genommen steigen
die Prozentwerte vom Buchwerte im vorliegenden Falle zu außer-
gewöhnlicher Höhe an, was eine Folge der starken Abschreibung
und der dadurch erzielten niedrigen Buchwerte ist. Für den Durchschnitt der letzten 10 Jahre ergeben sich nach der Nebenfigur
23,34% Bruttoüberschuß, 12,70% Nettoüberschuß bei 3,39%
Zinsen und 7,25% Abschreibungen vom Buchwert.

Beispiel II: Eine sehr günstige und gleichmäßige Entwicklung der Rentabilität zeigt das Rentabilitätsdiagramm (Fig. 4) eines
weiteren Gaswerksunternehmens, von dem mir allerdings nur die
Brutto- und Nettoüberschüsse in dreijährigen Abständen, und zwar
seit Übernahme des Unternehmens in den kommunalen Betrieb
im Jahre 1885, zur Verfügung stehen. Nach diesem Diagramm
steigen die Brutto- und Nettoüberschüsse (s. Kurve *Br-Ü und
N-Ü, absolute Werte*) des Unternehmens in ihren absoluten Beträgen mit vollendeter Regelmäßigkeit an; ihre relative Spannung bleibt sehr konstant, obwohl seit dem Jahre 1897 ein
außerordentlich starkes Anwachsen der Anlagekosten (s. Kurve *A-K*
und damit der Abschreibungen zu verzeichnen ist. Die starken
Abschreibungen kommen auch in dem verhältnismäßig langsamen
Anwachsen des Buchwertes zum Ausdruck, dessen Spannung

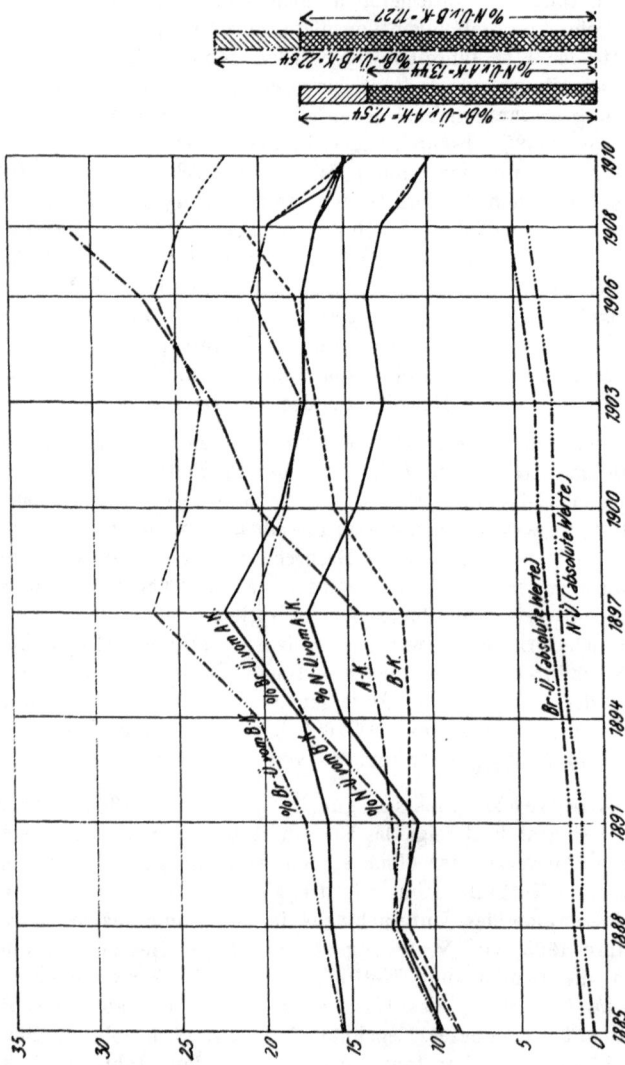

Fig. 4. Werte zu Beispiel II.

gegen den Anlagewert sich relativ dauernd vergrößert. Läßt hiernach schon die Betrachtung der absoluten Werte erkennen, daß das fragliche Unternehmen einer weitblickenden Leitung unterliegt, so geht dies in erhöhtem Maße noch aus der Betrachtung der Prozentwerte hervor. Die an sich schon hohen Bruttoüberschüsse mit 15% vom Anschaffungswerte im Jahre 1885, dem Jahre der Übernahme des Unternehmens, steigen mit wachsendem Erfolg bis zur außerordentlichen Höhe von über 22% im Jahre 1897, dem Beginn des verstärkten Neubaus, an; die Prozentwerte des Nettoüberschusses folgen diesen Werten von annähernd 10% bis über 17% relativ viel rascher, ein Beweis, daß die Abschreibungen des allmählich veralternden Werkes stets in mehr als ausreichender Höhe getätigt wurden. Die Prozentwerte der Brutto- und Nettoüberschüsse fallen mit Beginn der rapiden Bautätigkeit im Jahre 1897 bis in die letzte Zeit verhältnismäßig langsam und scheinen sich vom Jahre 1903 ab schon wieder auf den sehr hohen Sätzen von 17% Bruttoüberschüsse und 13% Nettoüberschüsse halten zu wollen. Betrachten wir weiterhin noch die Prozentwerte der Brutto- und Nettoüberschüsse von den Buchwerten (Kurve *Br-Ü vom B-K* und *N-Ü vom BK*), so kommt die eben geschilderte Sachlage noch in verstärktem Maße zum Ausdruck. Auch hierbei sehen wir ein rapides Ansteigen der Prozentwerte von ca. 15% bzw. 10% im Jahre 1885 bis auf Maximalwerte von 26% bzw. 20% im Jahre 1897; von da ab fallen die Prozentwerte vom Buchwerte zwar auch bis 1903, doch wesentlich schwächer als die vom Anschaffungswerte; 1903 setzt bereits wieder ein beachtenswertes Steigen der Prozentwerte vom Buchwert ein, das auf die dauernd günstig gehaltenen Buchwerte bzw. die hohen Abschreibungen zurückzuführen ist. Für spätere Zwecke sei schließlich noch auf die in der Nebenfigur angegebenen Durchschnittssätze von 17,54% bzw. 13,44% Brutto- bzw. Nettoüberschuß vom Anlagewerte und 22,54 bzw. 17,27% Brutto- bzw. Nettoüberschuß vom Buchwert verwiesen.

Beispiel III: Von einem weiteren Unternehmen, das im Jahre 1903 die Gasversorgung mit einem neuen Gaswerk übernahm, stehen mir die in Betracht kommenden Unterlagen für die Jahre 1903 bis 1908 zur Verfügung, die im Diagramm (Fig. 5 u. 6) wiedergegeben sind. Das fragliche Unternehmen ist eines der verhältnismäßig wenigen kommunalen Gaswerksunternehmen, die die Kosten der öffentlichen Beleuchtung gesonders nachweisen. Die Kosten der öffentlichen Beleuchtung, die von vielen kommunalen Gaswerksunternehmen entweder ganz ohne Vergütung oder doch nur gegen mäßige Vergütung für das verbrauchte Gas geleistet werden müssen,

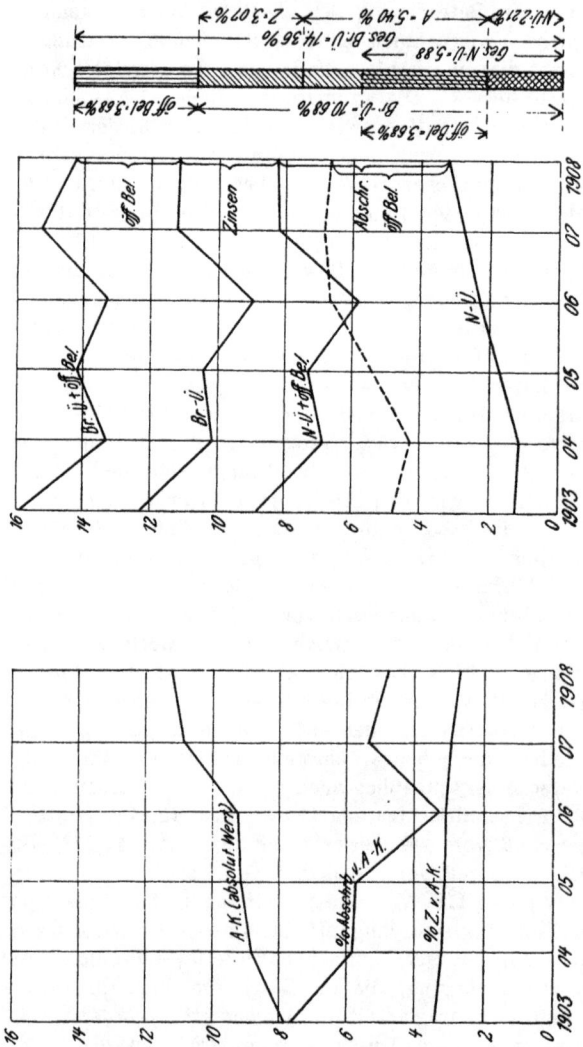

Fig. 5 u. 6. Prozentwerte vom Anlagekapital zu Beispiel III.

sind vielfach unter Betriebsausgaben verrechnet, und sind daher nicht oder nur zum Teil in den Überschüssen enthalten, denen sie doch als Leistungen der Unternehmen zuzurechnen sind. Die Kosten der öffentlichen Beleuchtung betragen nach meinen Feststellungen für eine Reihe von Städten mindestens 2 bis 5% von den Anlagekosten und (was natürlich sehr verschieden ist) 3 bis 6 und mehr Prozent von den Buchwerten. Nimmt man als entsprechende Mittelwerte etwa 3% von den Anlagekosten und 5% von Buchwerten für öffentliche Beleuchtung an, so sind den prozentualen Bruttoüberschüssen vieler kommunaler Gaswerksunternehmen diese Prozentwerte zuzurechnen, um die wahren Bruttoüberschüsse zu erhalten, die ich im folgenden (ohne einem besseren Ausdruck vorgreifen zu wollen) als wirkliche oder Gesamt-Bruttoüberschüsse bezeichnen möchte. Im vorliegenden Falle ist durch die besondere Ausweisung der Kosten für die öffentliche Beleuchtung gute Gelegenheit gegeben, den großen Einfluß der Leistungen für die öffentliche Beleuchtung auf die Rentabilität eines Unternehmens zu beobachten. Der mittlere Bruttoüberschuß des Unternehmens im Durchschnitt der letzten 6 Jahre beträgt 10,68%; unter Einschluß der Leistungen für die öffentliche Beleuchtung mit 3,68% ergibt sich ein mittlerer Gesamt-Bruttoüberschuß von 14,36%. Der mittlere Nettoüberschuß des Unternehmens ergibt sich nach Abzug von 3,07% Zinsen und 5,40% Abschreibung zu 2,21% im Mittel der 6 Jahre. Aus der Höhe des Abschreibungssatzes sieht man, daß die alten Anlagen bei Errichtung des neuen Wertes noch nicht ausreichend abgeschrieben waren. Betrachtet man jedoch die Abschreibungskurve in Diagramm Fig. 5, so sieht man, daß sich dieser Mangel in den letzten Jahren bereits erheblich gebessert hat, indem die Abschreibungssätze von 7,6% bereits auf unter 5% gesunken sind. Auch die Zinssätze sind nach der entsprechenden Kurve Z v. A-K (Diagramm Fig. 5) trotz des stetigen Ansteigens der Anlagekosten (s. Kurve A-K, Diagramm Fig. 5) im langsamen Fallen begriffen, was darauf hinweist, daß nicht unbedeutende Anlageteile aus Betriebsmitteln gedeckt werden. Die allmählich sich auf eine normale Höhe verringernden Abschreibungssätze im Verein mit den ziemlich gleichbleibenden, in den letzten drei Jahren steigenden prozentualen Bruttoüberschüssen haben zur Folge, daß der verbleibende prozentuale Nettoüberschuß in konstantem und starkem Steigen begriffen ist. Der verhältnismäßig kleine Nettoüberschuß von rd. 1¼% vom Anlagekapital, das Ergebnis einer sehr fortschrittlichen Tarifpolitik, hat sich im Laufe der sechs Jahre verdreifacht und in den letzten vier Jahren mehr als verdoppelt, sicher ein Beweis, wie dankbar sich eine gemäßigte Überschußpolitik erweist. Der Gesamt-Nettoüberschuß, also der Nettoüberschuß einschließlich der Leistungen für die öffentliche Beleuchtung, ist seit dem Jahre 1903 von rd. 4,8% auf $6\frac{2}{3}$% in 1906 gestiegen und hält sich seit dieser Zeit auf dieser ansehnlichen Höhe. Mit $6\frac{2}{3}$% Reingewinn bei $14\frac{1}{4}$% Bruttogewinn kann aber jedes Privatunternehmen zufrieden sein.

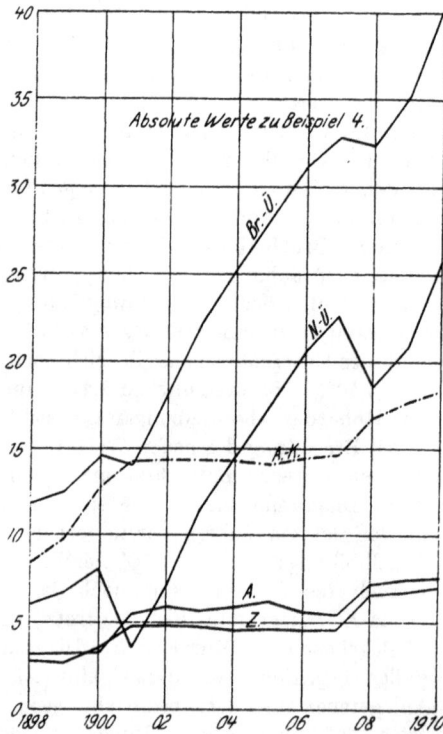

Fig. 7. Absolute Werte zu Beispiel IV.

Beispiel IV: Das Bild eines wohlsituierten höchst wirtschaftlich betriebenen Gaswerksunternehmens steht uns in den Diagrammen, Fig. 7 und 8 gegenüber. Das Diagramm, Fig. 7 über die absoluten Beträge zeigt vor allem eine außerordentlich rapide Steigerung der Bruttoüberschüsse, die in der Zeit von 1901

bis 1910 einer Verdreifachung der Beträge gleichkommt. Auch die
Nettoüberschüsse folgen im wesentlichen diesem Verlauf, wenn sich
auch in der periodisch wachsenden Spannung dieser Kurve gegenüber der Kurve der Bruttoüberschüsse deutlich die höheren Zins-
und Abschreibungsbeträge zum Ausdruck kommen, welche die einzelnen Bauperioden bringen.

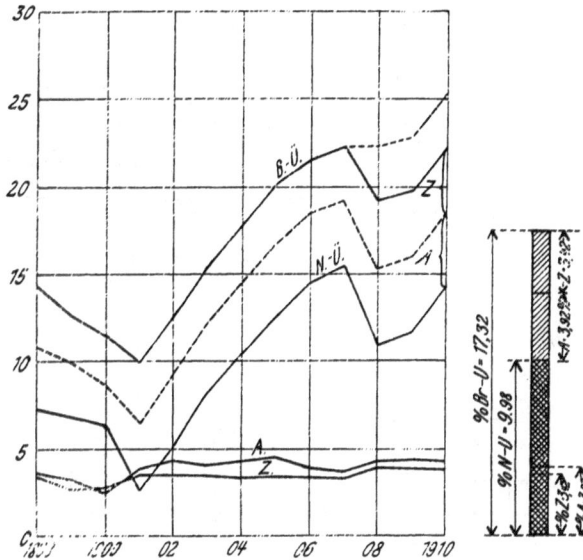

Fig. 8. **Prozentwerte vom Anlagekapital zu Beispiel IV.**

Das Diagramm Fig. 8 über die Prozentsätze zeigt eine
auffallende Regelmäßigkeit. Die Prozentsätze der Brutto- und Nettoüberschüsse vom Anlagewert fallen vom Jahre 1898 ab bis zum Ende
der Bauperiode im Jahre 1901 von 14% bzw. 7% auf 10 bzw. 2½%,
um dann in der baustillen Zeit bis 1907 und mit der vollkommneren
Ausnutzung der Anlage rasch und gleichmäßig bis zur Höhe von
über 22 bzw. 15% anzusteigen. Der Abfall der Prozentwerte in den
folgenden Jahren ist wesentlich durch die Übernahme der Kosten
für die öffentliche Beleuchtung auf den Gaswerksetat bedingt;
der Gesamt-Bruttoüberschuß (wie er bisher betrachtet wurde)
bewegt sich hiernach in der aufsteigenden Richtung (s. etwa die
punktierte Linie) fort.

3*

Im Durchschnitt der letzten 13 Jahre (1898 bis 1910) hat das Unternehmen 17,3% Gesamt-Bruttoüberschuß und bei 3,4% Zinsen sowie 3,9% durchschnittlich Abschreibung rd. 10% Nettoüberschuß ergeben, was wir uns für später vermerken wollen. Die entsprechenden Beträge pro 1910 waren: 22,23% Bruttoüberschuß, 3,84% Zinsen, 4,20% Abschreibungen und 14,19% Nettoüberschuß vom Anlagekapital.

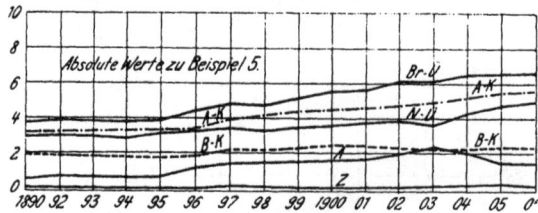

Fig. 9. Absolute Werte zu Beispiel V.

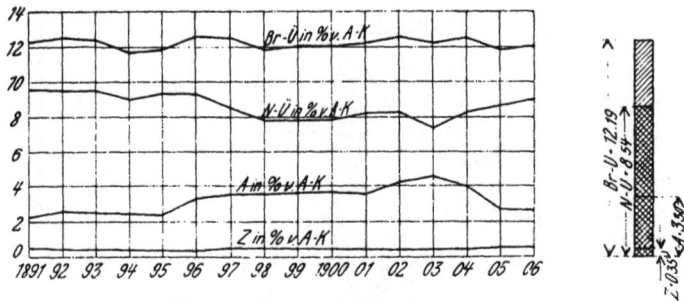

Fig. 10. Prozentwerte vom Anlagekapital zu Beispiel V.

Beispiel V: Den typischen Verlauf eines in gesunder und allmählicher Entwicklung befindlichen Gaswerksunternehmens geben die Diagramme, Fig. 9, 10 u. 11 wieder. Der Anschaffungswert der Gaswerksanlage steigt sehr gleichmäßig innerhalb der letzten 20 Jahre auf mehr als die doppelte Höhe an; die Steigerung des Buchwertes hält sich dank vollentsprechender Abschreibungen von durchschnittlich 3,3% dauernd in bescheidenen Grenzen und beträgt innerhalb des fraglichen Zeitraumes etwa 40%; Brutto- und Nettoüberschuß zeigen in ihren absoluten Werten die allseitig geschätzte, aufsteigende Bewegung und, was wohl noch von höherer

Bedeutung ist, es bewegen sich die Prozentwerte dieser beiden Größen
in überaus gleichmäßiger und relativ bedeutender Höhe von über
12 bzw. 8,5% vom Anlagewert. Die außerordentlich nieder ver-
laufende Zinskurve beweist, daß das Unternehmen trotz der verhältnismäßig hohen Überschüsse die Erweiterungsanlagen zum großen
Teil aus Betriebsmitteln deckt und Anleihen hierzu nur in geringem
Maße heranzieht. Beachtet man schließlich noch, daß das betreffende
Unternehmen die gesamte Straßenbeleuchtung kostenlos liefert,

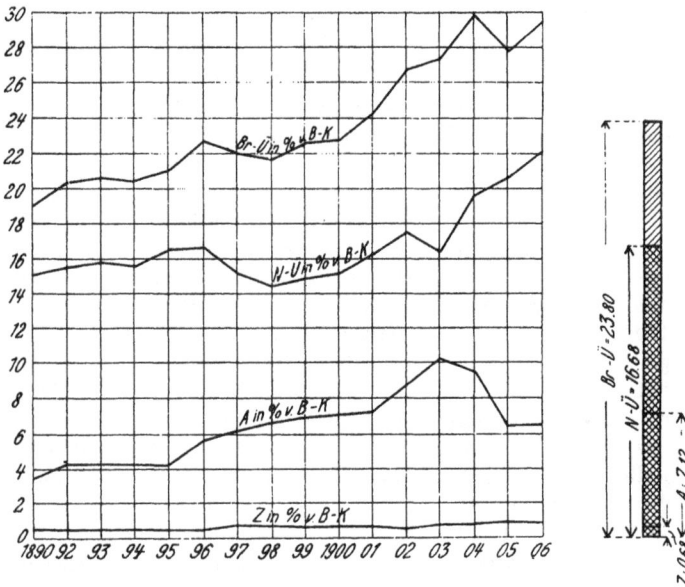

Fig. 11. **Prozentwerte vom Buchwertkapital zu Beispiel V.**

die auf 2 bis 3% vom Anlagekapital zu bewerten ist, so ergibt sich
eine Gesamtrentabilität des Unternehmens von 14 bis 15% Brutto-
und etwa 11% Nettoüberschuß, wie diese für die meisten größeren
Gaswerksunternehmen als normal bezeichnet werden können.

2 b. Die finanzwirtschaftliche Stellung der
kommunalen Gaswerksunternehmen in ihrer
Gesamtheit.

Lassen die vorbehandelten Beispiele einerseits die Art und
Weise einer systematischen Durchleuchtung der finanziellen Ergeb-

nisse mit Hilfe der Prozentwerte erkennen, so geben sie auch bereits ein, wenn auch beschränktes Bild von der Rentabilität der kommunalen Gaswerksunternehmen.

Neben der finanzwirtschaftlichen Verfolgung der einzelnen Gaswerksunternehmen als Selbstzweck sowie ihrer gelegentlichen Verwendung zur vergleichsweisen Gegenüberstellung mit anderen Gaswerksunternehmen scheint mir aber die Klarstellung der finanzwirtschaftlichen Stellung der Gaswerksunternehmen in ihrer Gesamtheit mit Rücksicht auf die finanzwirtschaftliche Leistung der Elektrizitätswerke von besonderer Bedeutung. Entnehmen wir zu diesem Zweck zunächst aus den vorbehandelten Beispielen die gewonnenen finanzwirtschaftlichen Ergebnisse in den Prozentwerten, so müssen diese mit Bezug auf die Abschreibungen zunächst auf eine einheitliche Basis gebracht werden. Bezüglich der Abschreibungen besteht nämlich bei den einzelnen Unternehmen eine sehr verschiedene Praxis; die Abschreibungen werden getätigt sowohl in der klaren und eindeutigen Form der Abschreibung als unmittelbare Betriebsausgabe oder als Rücklage in einen Abschreibungs- oder Erneuerungsfonds wie anderseits auch ganz oder teilweise in der Form gewöhnlicher oder verstärkter Kapitaltilgung. Zur Klarstellung in dieser wichtigen Frage sei hervorgehoben, daß Tilgung eine rein geldwirtschaftliche Maßnahme ist und als solche mit der Abschreibung, die ein Ausgleich für eine Wertverminderung der Anlage durch Abnutzung und Altern ist, grundsätzlich nichts zu tun hat. Aus diesem Grunde ist die Tilgung stets erst aus dem Reingewinn, dem Nettoüberschuß, zu decken, wie das auch bei den vorausgehenden Beispielen angenommen wurde. Auf diese Weise hat sich für die Einzelbetrachtung ohne Zweifel das richtige Bild der finanzwirtschaftlichen Lage des betreffenden Unternehmens ergeben; für die Gegenüberstellung der finanziellen Ergebnisse verschiedener Unternehmen bzw. für die Allgemeindarstellung der finanzwirtschaftlichen Lage derselben ist es notwendig, daß neben den wirklichen, ordentlichen und außerordentlichen Abschreibungen, Rücklagen zum Erneuerungsfonds auch die jeweiligen Tilgungsbeträge mit unter die Abschreibungen gerechnet werden. Auf dieser Grundlage sind nun aus den früher gegebenen Beispielen die folgenden zwei Tabellen zusammengestellt. (Tabelle III und IV.)

Aus den beiden Tabellen, denen ganz wahllos die Beispiele von Unternehmen zugrunde liegen, wie sie mir aus den leider nur zu dürftigen Quellen zur Verfügung standen, geht zunächst ganz allgemein hervor, daß die kommunalen Gaswerksunternehmen sehr

Tabelle III.

Prozentwerte vom Anlagekapital

a)

Unter-nehmen	Jahr	Gesamt-Brutto-überschuß	Öffentliche Be-leuchtung	Brutto-überschuß	Zinsen	Abschrbg.	Abschrbg. besond. Art (Tilg. etc.)	Summe der Abschrbg.	Zinsen + Sa. der Abschrbg.	Netto-überschuß	Gesamt-Netto-überschuß
1	1872—1909	—	—	16,00	2,11	4,50	1,50	6,00	8,11	7,89	—
2	1885—1908	—	—	17,54	3,07	4,10	⎱ 5,40	—	4,10	13,44	5,88
3	1903—1908	14,36	3,68	10,68		5,40 ⎰	—	5,40	8,47	2,21	9,98
4	1898—1910	17,32	—	—	3,42	3,92	—	3,92	7,34	—	9,98
5	1891—1906	—	—	12,19	0,35	3,30	0,71	4,01	4,36	7,83	—

b)

Unter-nehmen	Jahr	Gesamt-Brutto-überschuß	Öffentliche Be-leuchtung	Brutto-überschuß	Zinsen	Abschrbg.	Abschrbg. besond. Art (Tilg. etc.)	Summe der Abschrbg.	Zinsen + Sa. der Abschrbg.	Netto-überschuß	Gesamt-Netto-überschuß
1	1909	—	—	16,62	1,77	4,44	1,76	6,20	7,97	8,65	—
2	1908	—	—	16,72	2,74	3,88	⎱ 4,82	—	3,88	12,84	—
3	1908	14,26	3,18	11,02		4,82 ⎰	—	4,82	7,56	3,52	6,70
4	1910	23,23	—	—	3,84	4,20	—	4,20	8,04	—	14,19
5	1906	—	—	12,02	0,36	2,65	1,06	3,71	4,07	7,95	—

Tabelle IV.

Unter-nehmen	Jahr	Gesamt-Brutto-überschuß	Öffentliche Be-leuchtung	Brutto-überschuß	Prozentwerte vom Buchwertkapital						Gesamt-Netto-überschuß
					Zinsen	Abschrbg.	Abschrbg. besond. Art (Tilg. etc.)	Summe der Abschrbg.	Zinsen + Sa. der Abschrbg.	Netto-überschuß	
					a)						
1	1872—1909	—	—	25,76	3,39	7,25	2,42	9,67	13,06	12,70	—
2	1885—1908	—	—	22,54		5,27			5,27	17,27	—
5	1891—1906	—	—	23,80	0,68	6,44	1,38	7,82	8,50	15,30	—
					b)						
1	1909	—	—	24,52	2,61	6,56	2,60	9,16	11,77	12,76	—
2	1908	—	—	24,75		5,37			5,37	19,38	—
5	1906	—	—	29,40	0,89	6,48	2,62	9,10	9,99	19,41	—

beträchtliche Überschüsse abwerfen und abgeworfen haben. Besonders wichtig scheint es mir auch, hervorzuheben, daß jeweils die letztjährigen finanziellen Ergebnisse im allgemeinen nicht hinter den entsprechenden Durchschnittswerten für die vorausgegangenen mehr oder minder großen Betriebsperioden zurückstehen, wie ein Vergleich der Tabellen III a u. III b und der Tabellen IV a u. IV b zeigt; bei den Prozentwerten vom Buchwert (Tabelle IV a u. IV b) ist sogar eine auffällige Steigerung zu beobachten. Die sehr hohen prozentualen Überschüsse treten noch mehr in die Erscheinung, wenn man berücksichtigt, daß sich wohl die wahren Brutto- wie die Nettoüberschüsse durchschnittlich um 2 bis 3% erhöhen durch die Leistungen für die öffentliche Beleuchtung, die von den Gaswerksunternehmen vielfach ganz kostenlos oder gegen eine beschränkte Vergütung für die Gaslieferung erfolgen. Zur Vervollständigung des so gewonnenen Bildes über die finanzwirtschaftlichen Leistungen der kommunalen Gaswerksunternehmen sind in den folgenden beiden Tabellen V u. VI von einer Reihe von Gaswerksunternehmen die finanziellen Ergebnisse aus den Geschäftsjahren 1910 und 1909 (für das Geschäftsjahr 1911 standen mir zur Zeit der Fertigstellung dieser Arbeit noch keine Resultate zur Verfügung) nach den hier festgelegten Grundsätzen zusammengetragen. Aus diesem Material, das in etwa die derzeitigen finanzwirtschaftlichen Erfolge kommunaler Gaswerksunternehmen darstellt (eine größere Ausdehnung des Materials war mir mangels geeigneter Unterlagen in den hier in Frage kommenden Quellen leider nicht möglich) geht hervor, daß der durchschnittliche Bruttoüberschuß mittlerer und größerer kommunaler Gaswerksunternehmen, die diese Tabellen umfaßt, zu etwa 12 bis 13% vom Anlagekapital angenommen werden kann; rechnet man hierzu etwa 2 bis 3% an Leistungen für öffentliche Beleuchtung, wie dies nach den in der Tabelle V niedergelegten Ergebnissen einiger Unternehmen sicher geschehen kann, so ergibt sich ein wirklicher oder Gesamt-Bruttoüberschuß von etwa 15% vom Anlagekapital. In gleicher Weise entsprechen etwa 7 bis 8% Nettoüberschuß bzw. 10% Gesamt-Nettoüberschuß vom Anlagekapital den tatsächlichen Verhältnissen bei kommunalen Gaswerksunternehmen, wobei die mittleren Aufwendungen für Zinsen und Abschreibung aller Art etwa 5% und darüber betragen. Diesen Werten stehen als mittlere Prozentwerte vom Buchwert nach Tabelle VI ca. 20% Brutto- und 25% Gesamt-Bruttoüberschuß sowie 12% Netto- und 17% Gesamt-Nettoüberschuß gegenüber. So wenig umfangreich nun auch das vorstehend gegebene Material ist, so ist doch anzunehmen, daß die Erträgnisse

Tabelle V.

Prozentwerte vom Anlagekapital

Unter-nehmen	Jahr	Gesamt-Brutto-überschuß	Öffentliche Be-leuchtung	Brutto-überschuß	Zinsen	Abschrbg.	Abschrbg. besond. Art (Tilg. etc.)	Summe der Abschrbg.	Zinsen + Sa. der Abschrbg.	Netto-überschuß	Gesamt-Netto-überschuß
1	1910	25,45	3,22	22,23	3,84	4,20	—	4,20	8,04	14,19	17,41
2	1910	17,41	3,01	14,40	2,28	1,80	—	1,80	4,08	8,52	11,53
3	1910	10,62	2,88	7,74	1,70	1,12		1,12	2,82	4,92	7,80
4	1910	—	—	14,91	2,61	—	2,37	2,37	4,98	9,93	—
5	1910	—	—	13,80	1,85	4,61	—	4,61	6,46	7,34	—
6	1910	—	—	8,50	1,18	1,36	—	1,36	2,54	5,96	—
7	1909	—	—	12,84	0,54	3,00	—	3,00	3,54	9,30	—
8	1909	—	—	—	—	—	—	—	—	—	—
9	1909	14,80	3,56	11,24	1,94	2,73	—	2,73	4,67	6,57	10,13
10	1909	—	—	13,12	3,34	1,66	1,60	3,26	6,60	6,52	—
11	1909	—	—	16,62	1,77	4,44	1,76	6,20	7,97	8,65	—
12	1909	12,19	1,89	10,30	1,74	1,26	1,13	2,39	4,13	6,17	8,09

Tabelle VI.

Prozentwerte vom Buchwertkapital

Unternehmen	Jahr	Gesamt-Brutto-überschuß	Öffentliche Be-leuchtung	Brutto-überschuß	Zinsen	Abschrbg.	Abschrbg. besond. Art (Tilg. etc.)	Summe der Abschrbg.	Zinsen + Sa. der Abschrbg.	Netto-überschuß	Gesamt-Netto-überschuß
1	1910	—	—	—	—	—	—	—	—	—	—
2	1910	21,20	3,66	17,54	2,78	2,18	—	2,18	4,96	12,58	16,24
3	1910	28,00	7,91	21,09	4,64	5,61		5,61	10,25	10,84	18,75
4	1910	—	—	21,98	3,84	—	3,50	3,50	7,34	14,04	—
5	1910	—	—	26,09	3,50	8,70	—	8,70	12,20	13,89	—
6	1910	—	—	12,17	1,69	1,95	—	1,95	3,64	8,53	—
7	1909	—	—	30,40	1,28	7,08	—	7,08	8,36	22,04	—
8	1909	30,31	4,65	25,66	4,07	5,50	—	5,50	9,57	16,09	20,74
9	1909	27,71	6,56	21,15	3,64	5,16	—	5,16	8,80	12,35	18,91
10	1909	—	—	15,04	3,83	1,91	1,84	3,75	7,58	7,46	—
11	1909	—	—	24,52	2,61	6,56	2,60	9,16	11,77	12,75	—
12	1909	14,59	2,27	12,32	2,07	1,52	1,35	2,87	4,94	7,38	9,65

der deutschen kommunalen Gaswerksunternehmen sich im wesentlichen in den angegebenen Grenzen bewegen; die kleinen und klein-
sten Gaswerksunternehmen, welche naturgemäß mehr oder weniger
in ihren Erträgnissen hinter obigen Mittelwerten zurückbleiben,
können diese Werte mit Rücksicht auf ihre verhältnismäßig geringe
Zahl und finanzielle Wertigkeit nur w e n i g beeinflussen. Jedenfalls können für die deutschen Gaswerksunternehmen ohne Gefahr
einer Überschätzung etwa folgende Werte als Mittelwerte angesprochen werden:

13% Ges. Br.-Ü. u. 8% Ges. N.-Ü. vom A.-K.

22% » » 14% » · » B-K.

2 c. Die finanzwirtschaftliche Stellung der
kommunalen Gaswerksunternehmen in ihrer
Beziehung zu den kommunalen Elektrizitätswerken.

Versuchen wir nun, zum Zwecke eines finanzwirtschaftlichen
Vergleiches zwischen kommunalen Gaswerksunternehmen und
kommunalen Elektrizitätswerksunternehmen die entsprechenden
Unterlagen für kommunale Elektrizitätswerksunternehmen zu ver-
schaffen, so stoßen wir bei diesen unseren Bemühungen auf noch
größere Schwierigkeiten als bei den Gaswerksunternehmen; allem
Anschein nach besteht in der Elektrizitätsversorgungsindustrie
noch weit mehr als bei uns der Grundsatz, sich nicht in die Taschen
sehen zu lassen. Das sehr dürftige Material und die häufig noch
unklarere Buchungsweise bei kommunalen Elektrizitätswerksunternehmen ließ es mir rätlich erscheinen, von direkten Ermittlungen über die Erträgnisse kommunaler Elektrizitätswerksunternehmen ganz Abstand zu nehmen und mich vielmehr auf einiges
Material zu stützen, das von elektrotechnischer Seite selbst geboten
wird. Aus der E.T.Z. 1910 entnehme ich aus einer finanzwirtschaftlichen Besprechung über die Statistik 1907/08 der »Vereinigung der
Elektrizitätswerke« die Unterlage für eine Berechnung, nach der
der mittlere Bruttoüberschuß von 35 Elektrizitätswerksunternehmen
in deutschen G r o ß städten 11,51% vom Anlagekapital war. Diese
35 Elektrizitätswerksunternehmen (und zwar 29 städtische und
6 private Unternehmen) umfassen die Werke sämtlicher Großstädte
Deutschlands, von denen in der damaligen Statistik brauchbare
Angaben zu erhalten waren. Da die großen Elektrizitätswerke
weitaus günstigere finanzielle Ergebnisse aufweisen und bei den
Elektrizitätswerken die kleineren Werke außerordentlich in der

Überzahl sind, so muß der genannte Bruttoüberschuß noch bedeutend reduziert werden, ehe er als mittlerer Bruttoüberschuß der deutschen kommunalen Gaswerksunternehmen angesprochen werden kann. Wie schlecht es mit den finanziellen Ergebnissen weniger großer Werke bestellt ist, zeigt uns eine (allerdings schon weiter zurückliegende) Statistik von Hoppe aus dem Jahre 1905, nach der Elektrizitätswerksunternehmen

in Städten mit 100 bis 4999 Einwohner 4,4% Bruttoüberschuß vom Anlagewert,

in Städten mit 5000 bis 9999 Einwohner 7,6% Bruttoüberschuß vom Anlagewert,

in Städten mit 10 000 bis 19 999 Einwohner 10,6% Bruttoüberschuß vom Anlagewert

abwerfen. Nach ergänzenden Erhebungen von Dettmar, Generalsekretär des Verbandes Deutscher Elektrotechniker, sollen die vorgenannten Werte (s. E.T.Z. 1906) 7,8 bzw. 9,8% bzw. 10,6% betragen. Neuere Erhebungen in dieser hochwichtigen Frage liegen leider nicht mehr vor, obwohl die Statistiken der letzten Jahre des Verbandes Deutscher Elektrotechniker immerhin einigen Anlaß geboten hätten; die Erhebungen Hoppes haben damals augenscheinlich zu unangenehm berührt. Dagegen zeigen einige Äußerungen von maßgebenden Stellen aus neuerer Zeit, daß die wenig günstige finanzielle Lage der Elektrizitätsversorgungsindustrie allmählich in immer weiteren Kreisen erkannt und bekannt wird. Auf der Jahresversammlung des Vereins für Sozialpolitik in Wien 1909, wo sich dieser Verein eingehend mit der Frage der Gemeindebetriebe befaßte, bezeichnet der Referent Paul Mombert-Freiburg auf Grund der bekannten Erhebungen von Direktor Weber, Eisenach[1]), die Rentabilität kleinerer Elektrizitätswerke (in Städten von 10 bis 50 000 Einwohner) als geradezu kläglich.

Der Referent gibt außerdem die nachfolgende Zusammenstellung aus dem Statistischen Jahrbuch deutscher Städte (s, Tabelle VII), die sich auf Elektrizitätswerke in Städten mit über 50 000 Einwohner bezieht, und berichtet hierzu, »daß nach Abzug der Posten (10% für Verzinsung, Tilgung und Abschreibung) nicht allzu viele Städte übrigbleiben, bei denen die Überschüsse noch sehr hohe wären. Unter 32 Städten liegt der Überschuß bei 9 unter M. 20 000,

---

[1]) Direktor Weber, Eisenach, Die Rentabilität der Elektrizitätswerke in den Städten mit 10- bis 50 000 Einwohner, Journ. f. Gasbel. 1904, S. 391.

Tabelle VII.

	Im Jahre 1904/05 betrugen die Mehreinnahmen		
	ohne		mit
	Berücksichtigung von Ausgaben für Zinsen, Tilgung und Abschreibung		
	in 1000 Mark	Auf 1000 Hektowatt-stunden der abge-gebenen Nutzenergie M.	in 1000 Mark
Aachen	417	12	228
Altona	724	18	379
Barmen	202	22	90
Bochum	224	30	195
Bremen	693	13	386
Breslau	1081	16	326
Cassel	294	11	130
Chemnitz . . .	308	11	133
Cöln	958	8	344
Crefeld	284	12	92
Darmstadt . . .	244	19	56
Dortmund . . .	607	12	— 261
Dresden	821	32	324
Düsseldorf . . .	762	14	382
Elberfeld . . .	623	9	42
Erfurt	105	17	8
Essen	399	4	—
Frankfurt a. M. .	2045	12	1393
Freiburg i. Br. . .	136	15	22
Gelsenkirchen . .	24	9	12
Görlitz	136	13	— 1
Halle a. S. . . .	251	12	— 90
Hannover . . .	549	20	85
Karlsruhe . . .	139	22	—
Kiel	203	25	82
Königsberg . . .	488	14	— 20
Liegnitz	55	9	—
Lübeck	171	26	—
Mainz	126	7	—
Mülhausen i. E. .	280	18	72
München . . .	1620	14	199
Nürnberg . . .	509	21	244
Plauen i. V. . .	392	21	— 1
Posen	21	4	— 19
Potsdam	113	12	47
Stuttgart	1139	16	372
Wiesbaden . . .	294	9	73

und von diesen wieder ergibt sich sogar bei 6 ein Defizit in dem betrachteten Jahre 1904/05«. Der Referent entwickelt weiter: »Die Vermutung liegt auch sehr nahe — es sei auf die oben zitierten Worte Webers hingewiesen —, daß in manchen Städten die Höhe der Tilgungsquote und Abschreibungen nicht die notwendige Höhe erreichen, sondern dahinter zurückbleiben und daß unter Berücksichtigung dieses Momentes die Mehreinnahmen sich wohl noch verringern würden.« In der E.T.Z. 1909 berichtet Herr Generalsekretär Dettmar eine Mitteilung des Herrn Direktor Wilkens, welche dieser im Anschluß an einen Vortrag Dettmars zur Bekämpfung des Elektrizitätssteuergesetzes machte, »daß sich aus totalen Stromeinnahmen und totalen Ausgaben aller Werke Deutschlands ein Überschuß von M. 13 613 591 ergibt, was einer mittleren Rente von n u r 3,4% entspricht, während in der Begründung (des Steuerwurfes) 13% bis 20% berechnet werden.«

Als einziges, sozusagen amtliches und gleichzeitig weiterausgreifendes Material zum finanzwirtschaftlichen Vergleich von Gas- und Elektrizitätsunternehmen möchte ich schließlich die neuere Ausgabe des Statistischen Jahrbuches deutscher Städte zu einer eigenen Berechnung heranziehen. Aus dem Jahrbuch 1910, welches sich auf das Betriebsjahr 1907/08 bezieht und über die kommunalen Gas- und Elektrizitätswerke in Städten bis herab zu 50 000 Einwohner berichtet, habe ich die durchschnittlichen Prozentwerte des Bruttoüberschusses, der Zinsen und Tilgung, der Abschreibung sowie des Nettoüberschusses für die Gas- und Elektrizitätswerksunternehmen ermittelt. Da in den Jahrbüchern Angaben über die Anlagekosten bedauerlicherweise fehlen, so habe ich meinen Berechnungen Anlagekapitalien von einerseits M. 600 pro 1000 cbm Jahres-Gaserzeugung, anderseits M. 1000 pro 1000 KW/Std. Jahres-Stromerzeugung zugrunde gelegt. In betreff dieser beiden Werte führe ich zunächst an, daß der Einheitssatz von M. 600 pro 1000 cbm der Jahres-Gaserzeugung sich in dieser ungefähren Größe bei einer großen Zahl von Gaswerksunternehmen ergibt und wohl an und für sich ziemlich allgemeine Anerkennung finden wird. Der Wert von M. 1000 pro KW/Std. Jahres-Stromerzeugung dürfte vielleicht zunächst einer gewissen Gegnerschaft begegnen, weshalb mir hier eine nähere Begründung erforderlich scheint.

Nach der vorletzten allgemeinen Statistik der Elektrizitätswerke bzw. den durch Schätzung ergänzten Zahlen dieser Statistik (aufgestellt von Dettmar pro 1. April 1909) berechnen sich die durchschnittlichen Anlagekosten pro 1000 abgegebene KW/Std. zu M. 920 und, nebenbei bemerkt, pro KW Zentralenleistung (die gewöhnliche Art der Berechnung) zu ca. M. 958 bei ca. 1040 Stunden jährlicher Benutzungsdauer der Zentralenleistung. Demgegenüber gibt E. Schiff-Berlin für die in der gleichen Statistik enthaltenen Elektrizitätswerke von M. 15 Mill. Anlagekosten aufwärts, also die großen und natürlich verhältnismäßig billig angelegten Werke, die Anlagekosten pro KW Zentralenleistung in einer Zusammenstellung wie folgt an:

Wien (städt.)
Werk I	M. 1120
Werk II	» 1203

Wien (privat)	» 1757
Hamburg	» 1410
München	» 1264
Moskau	» 1367
Essen	» 1039
Oberschl. Industriebezirk	» 831
St. Petersburg	» 1642
Straßburg	» 1726
Kopenhagen	» 1077

Frankfurt a. M.
Werk I	» 718
Werk II	» 1129

Stuttgart	» 1625

Als durchschnittliche Anlagekosten pro KW-Gesamtleistungsfähigkeit der Zentrale ergeben sich hiernach etwa M. 1217.

Detailliert stellt Dettmar aus der Statistik vom 1. April 1909 die Anlagekosten pro KW-Zentralenleistung für Werke

	bis	100	KW-Gesamtleistung zu M.	905
101 »	500	»	» »	1293
501 »	1000	»	» »	1230
1001 »	2000	»	» »	1190
2001 »	5000	»	» »	967
5001 »	10000	»	» »	930
über	10000	»	» »	952

fest, woraus sich in etwa die fallende Tendenz der Einheitssätze der Anlagekosten mit der Größe des Werkes zeigt.

Schließlich sei noch angegeben, daß nach einer Statistik über die schweizerischen Elektrizitätswerke pro 1910 (E.T.Z. 1911), welche in ihrer überwiegenden Zahl sog. hydroelektrische und damit verhältnismäßig billige Anlagen sind, die durchschnittlichen Anlagekosten zu M. 995 berechnen. Im einzelnen bezeichnet diese Statistik die durchschnittlichen Anlagekosten

für 89 E.-W. bei ausschl. hydroel. Motoren . . zu M. 766
» 63 » » hydraul.-kalor. Motoren . . . » » 1117
» 5 » » ausschl. Dampfmotoren . . . » » 1924
» 13 » » ausschl. Explosionsmotoren . » » 2382

Berücksichtigt man nun weiter, daß die durchschnittliche Benutzungsdauer der gesamten Zentralenleistung fast stets in den Grenzen von 1000 bis 1100 Stunden schwankt, was, nebenbei bemerkt, einer Jahresausnutzung der Anlage von 10 bis 12% gegen ca. 50% bei Gaswerken entspricht, so dürfte sich aus dem vorgenannten Material ergeben, daß der runde Einheitssatz von M. 1000 pro 1000 KW/Std. Jahreserzeugung sicherlich nicht zu hoch gegriffen ist.

Aus dem Statistischen Jahrbuch deutscher Städte 1910 errechnet sich nun mit den eben begründeten Werten für die Anlagekosten von M. 600 pro 1000 cbm Jahres-Gaserzeugung und M. 1000 pro 1000 KW/Std. Jahres-Stromerzeugung nachstehende Tabelle.

Ich möchte davon absehen, die vorstehenden Werte in bezug auf ihre absolute Höhe einer Betrachtung zu unterziehen, und will diese Zahlen, in denen ein sehr umfangreiches, wenn auch sehr heterogenes Material vereinigt ist, nur in ihren gegenseitigen Beziehungen (zwischen Gas- und Elektrizitätswerken) betrachten. Aus dem Vergleich der beiden obigen Zahlenreihen ergibt sich, daß der Bruttoüberschuß bei Gaswerken mehr als 70%, der Nettoüberschuß aber nahezu 110% und die Aufwendungen für Zinsen, Tilgung und Abschreibung ca. 40% höher als bei Elektrizitätswerken sind.

	Brutto-überschuß in % v. A.-K.	Zinsen und Tilgung in % v. A.-A.	Abschr. in % v. A.-K.	Summe, Zinsen, Tilgung u. Abschr. in % v. A.-K.	Nettoüber-schuß in % v. A.-K.
Für Gaswerke	8,50	2,49	1,12	3,61	4,89
Für elektrische Werke . .	4,89	1,73	0,82	2,55	2,34

Stellen wir nun den vorgenannten Werten für die kommunalen Elektrizitätswerke das Resultat unserer früheren Ermittlungen über die kommunalen Gaswerksunternehmen gegenüber. Für eine

Reihe von mittleren und größeren Gaswerksunternehmen hat sich der Gesamt-Bruttoüberschuß zu ca. 15%, der Gesamt-Nettoüberschuß zu ca. 10% v o m A n l a g e w e r t ergeben; für die Gesamtheit der deutschen Gaswerksunternehmen wurden damals Mittelwerte 13% Gesamt-Bruttoüberschuß und 8% Gesamt-Nettoüberschuß geschätzt. Für nahezu die Gesamtheit der g r o ß e n Elektrizitätswerksunternehmen Deutschlands betrug der mittlere Bruttoüberschuß rund 12%, wenn man die Leistungen der Elektrizitätswerte für öffentliche Beleuchtung stark gerechnet zu 0,5% vom Anlagewert annimmt, der Nettoüberschuß beträgt nach Dir. Wilkens für die Gesamtheit der Elektrizitätswerksunternehmen Deutschlands 3,4% und vielleicht kaum 4% einschließlich der Leistung für die öffentliche Beleuchtung, falls dieselben nicht schon im obigen Wert inbegriffen sind. Ein unmittelbarer Vergleich dieser beiderseitigen Prozentwerte von den A n l a g e kapitalien kann jedoch nach Früherem nicht erfolgen. Während nämlich das Alter der meisten Gaswerksunternehmen 40 und mehr Jahre beträgt, ist dies bei den Elektrizitätswerksunternehmen kaum höher als zu durchschnittlich 15 Jahre zu veranschlagen (die oben erwähnten Elektrizitätswerke von den Großstädten Deutschlands hatten zur Zeit der statistischen Aufnahme durchschnittlich 13 Betriebsjahre). Dieser Umstand hat zur Folge, daß die Anlagekapitalien der Gaswerksunternehmen die Aufwendungen für Anlagen und Anlageteile enthalten, die großenteils gar nicht mehr bestehen; nicht selten umfassen diese Kapitalien geradezu den Wert einer vollständig neuen Anlage wesentlicher Teile neben den alten. Die Prozentwerte von den A n l a g e k a p i t a l i e n können somit bei den so sehr verschieden alten Gas- und Elektrizitätswerksunternehmen nicht in Vergleich gezogen werden, ohne diesen Umstand zu berücksichtigen; geschieht dies aber, so zeigt sich, daß die eben ermittelten Werte in einem ähnlichen Verhältnis zueinander stehen wie die Werte, welche sich auf Grund der Angaben im Statistischen Jahrbuch deutscher Städte ergeben haben.

Nachdem somit nach den vorstehenden Überlegungen die Prozentwerte von den Anlagekapitalien für einen maßgebenden finanzwirtschaftlichen Vergleich von Gas- und Elektrizitätswerksunternehmen mit Rücksicht auf das verschiedene Alter dieser beiden Unternehmen nicht in Frage kommt, verbleiben als Vergleichsgrundlage noch die Prozentwerte von den Buchwertkapitalien. In der Tat kommt den Prozentwerten von den Buchwertkapitalien schon um deswillen allein die Berechtigung zu, weil für den finanzwirtschaftlichen Vergleich von Gas- und Elektrizitätswerksunter-

nehmen als Konkurrenzunternehmen nur die beiderseitige R e n t e
a u s   d e n   d e r z e i t i g   a r b e i t e n d e n   K a p i t a l i e n
maßgebend sein kann; diese letzteren aber werden im wesentlichen
durch die Buchwertkapitalien dargestellt. Nach Früherem ergab
sich für die Elektrizitätswerte der deutschen Großstädte ein Gesamt-
Bruttoüberschuß von 12% vom Anlagekapital; ein mittlerer Gesamt-Bruttoüberschuß von 10% für die Gesamtheit der deutschen
Elektrizitätswerke ist hiernach unter Bezugnahme auf eine gleichhohe
Reduktion des Prozentsatzes bei den Gaswerksunternehmen sicher
nicht zu tief gegriffen, um so mehr, wenn man berücksichtigt, daß
bei Elektrizitätswerken im Gegensatz zu den Gaswerksunternehmen
die mittleren und kleinen Werke nicht nur a n Z a h l außerordentlich überwiegen, sondern doch auch mit einem hohen Prozentsatz
am G e s a m t a n l a g e k a p i t a l beteiligt sind, und indem man
außerdem die Ermittlungen von Weber, Hoppe, Dettmar in Vergleich zieht. Diesem Gesamt-Bruttoüberschuß von 10% vom Anlagekapital steht nach Früherem ein Gesamt-Nettoüberschuß von
höchstens 4% vom Anlagekapital gegenüber. Veranschlagt man
die Buchwertkapitalien der deutschen Elektrizitätswerke zu etwa
70% der Anlagekapitalien, was sicher noch zu günstig sein dürfte,
so ergeben sich für Elektrizitätswerke als Mittelwerte etwa 14,3%
Gesamt-Bruttoüberschuß und 5,7% Gesamt-Nettoüberschuß vom
B u c h w e r t kapital. Diesen Werten stehen als Vergleichswerte
für Gaswerksunternehmen 22% Gesamt-Bruttoüberschuß und 14%
Gesamt-Nettoüberschuß vom Buchwertkapital gegenüber.

Fassen wir nunmehr die vorbehandelten Entwicklungen über
die finanzwirtschaftliche Stellung der kommunalen Gaswerksunternehmen kurz zusammen, so sehen wir daraus, daß

1. in den Prozentwerten der Brutto- und Nettoüberschüsse,
im Verein mit den Prozentwerten der Zinsen und Abschreibungen
ein brauchbares Mittel zur finanzwirtschaftlichen Verfolgung kommunaler Unternehmen gegeben ist, und zwar sowohl zur Verfolgung
einzelner Unternehmen, wie gewisser Gruppen von solchen, als auch
zur vergleichsweisen Gegenüberstellung der finanziellen Ergebnisse
von Unternehmen, im vorliegenden Falle speziell der kommunalen
Gaswerks- und Elektrizitätswerksunternehmen,

2. die finanziellen Ergebnisse der kommunalen Gaswerksunternehmen und der Elektrizitätswerksunternehmen große Ver-
schiedenheiten aufweisen. Es wurde ermittelt, daß

a) die deutschen Gaswerksunternehmen im Mittel etwa
13% Gesamt-Bruttoüberschuß und 8% Gesamt-Nettoüberschuß
und

b) die deutschen Elektrizitätswerksunternehmen im Mittel etwa 10% Gesamt-Bruttoüberschuß und 4% Gesamt-Nettoüberschuß vom »Anlagekapital« abwerfen, und daß sich als v e r g l e i c h - b a r e W e r t e für diese Unternehmen gegenüberstehen:

	Gaswerks- untern.	Elektrizitätswerks- untern.
Gesamt-Bruttoüberschuß vom B u c h - w e r t k a p i t a l etwa	22%	14,3%
Gesamt-Nettoüberschuß vom B u c h - w e r t k a p i t a l etwa	14%	5,7%

Zeigt bereits ein unmittelbarer Vergleich der vorstehend gegebenen Werte die bedeutende finanzwirtschaftliche Überlegenheit der Gaswerksunternehmen gegenüber den Elektrizitätswerksunternehmen, so kommt diese noch mehr zum Ausdruck, wenn man die in Rechnung gezogenen Abschreibungen berücksichtigt. Nach Vorstehendem betragen die durchschnittlichen Aufwendungen für Verzinsung und Abschreibung bei Gaswerksunternehmen 8 und bei Elektrizitätswerksunternehmen 8,6% vom Buchwertkapital. Betrachtet man das Buchwertkapital als Wert der bestehenden Anlage, so ergibt sich hieraus bei einer normalen Verzinsung des arbeitenden Kapitals von 4% eine Abschreibung von 4% vom Buchwert bei G a s werks- unternehmen und 4,6% vom Buchwertkapital bei E l e k t r i z i - t ä t s werken. Ist schon eine Abschreibung von 4% vom Buchwert. wie sie hiernach von den Gaswerksunternehmen durchschnittlich getätigt wird, als den heutigen Anforderungen entsprechend zu betrachten, so muß eine Abschreibung von 4,6% für Elektrizitätswerke als durchaus unzureichend bezeichnet werden. Mit Rücksicht auf den raschen Verschleiß wie nicht minder auf das rasche Altern nahezu aller wesentlichen Anlageteile bei Elektrizitätswerken ist bei Elektrizitätswerken mindestens eine durchschnittliche Abschreibung von 6% gegenüber einer Abschreibung von 4% bei Gaswerksunternehmen zu fordern. Zieht man nun aber 6% Abschreibung in Rechnung, so ergibt sich nach Vorstehendem eine Rentabilität der Elektrizitätswerke von 4,3%, gegenüber 14% bei Gaswerksunternehmen.

II. Das Problem der rationellen Licht-, Kraft- und Wärmeversorgung der Stadt- und Landgemeinden.

Haben wir aus den vorausgehenden Betrachtungen die bedeutende finanzwirtschaftliche Überlegenheit der Gaswerke über die Elektrizitätswerke ersehen und uns vielleicht auch in dem Gefühl ihrer finanzwirtschaftlichen Stärke gesonnt, so verbleibt uns noch die Kehrseite der Medaille zu betrachten, und diese scheint mir ganz besonders wichtig zu sein. Die finanzwirtschaftliche Überlegenheit der Gaswerke ist die Folge einer überaus h o c h g e s c h r a u b t e n P r e i s p o l i t i k , welche diese Unternehmen auf Grund ihrer Monopoleigenschaft (die ja heute in der T a t nicht mehr zutrifft) immer noch betreiben. Während die Elektrizitätswerke mit weitschauendem Blick und im wohlverstandenen Interesse ihrer Entwicklung mit den Elektrizitätspreisen bis an die unterste Grenze des Möglichen herangehen, einander in der Kunst fein geklügelter Tarife, die ihren letzten Grund stets nur in der V e r b i l l i g u n g der Elektrizität haben, fortwährend einander zu übertreffen suchen und unter dem Schutze einer wohlwollenden Obrigkeit immer wieder weitere Erniedrigungen der Elektrizitätspreise als fortschrittliche und kulturelle Notwendigkeit mit Aufwand großer rhetorischer Künste zu rechtfertigen wissen, zur Verbesserung ihrer Abschlüsse vielfach Abschreibungen zu Hilfe nehmen, die aufgebaut sind auf einem gütigen Geschick späterer Zeiten und möglichen künftigen Erfolgen und damit nicht selten gediegenen kaufmännischen Grundsätzen geradezu Hohn sprechen, werden die Gaspreise allüberall mit einem rührenden Konservatismus hochgehalten. In den maßgebenden Körperschaften kann man sich trotz der ungeheueren technischen Fortschritte auf dem Gebiete des Gases nur selten für das alte »überlebte« Gas erwärmen, und die Gaswerke bleiben auf diese Weise mit ihren reichen und sichern Überschüssen und ihren hohen Gaspreisen auch fernerhin die milchenden Kühe der Stadt- und Landgemeinden.

Die letzten Jahre haben nun allerdings einen gewissen Umschwung in dieser Anschauung gebracht; die Notwendigkeit, wenigstens etwas den rapid zurückgeschraubten Elektrizitätspreisen nachzukommen hat immer weitere Kreise erfaßt, nachdem aus Gasfachkreisen verschiedentlich auf das schreiende Mißverhältnis in den Gas- und Elektrizitätspreisen hingewiesen worden ist. Öffentlich trat Herr Direktor Kordt, wohl als erster, auf der Jahresversammlung in Königsberg (1910) mit der Mitteilung hervor, »daß nach seinen Feststellungen für eine Reihe von städtischen Gas- und Elektrizitätswerken d i e G a s w e r k e f ü r d a s g l e i c h e A n l a g e k a p i t a l das 2½-, 4- und 5 fache a n R e i n g e w i n n abgeliefert haben.« Herr Direktor Kordt hat diese Tatsache weiterhin unermüdlich vertreten, so noch im gleichen Jahre auf der Versammlung von Gas- und Wasserfachmännern Rheinlands und Westfalens in Trier, wie besonders auch auf der letztjährigen Versammlung des Hauptvereins in Dresden.

Trotz dieser verschiedentlichen Hinweise ist m. E. noch nicht viel Positives in der angegebenen Richtung geleistet worden; vereinzelten Gaspreisermäßigungen teils direkt, teils durch Einführung des Gaseinheitspreises steht leider auch die Tatsache gegenüber, daß in verschiedenen Fällen die mißverstandenen Grundsätze bei Einführung des Gaseinheitspreises eine V e r t e u e r u n g des Gases gebracht haben, während in einigen Fällen sogar direkte Gaspreiserhöhungen durchgedrungen sind. Die Frage der Gaspreisermäßigung ist aber, angesichts des verstärkten Vordringens der Elektrizität und deren schrankenlosen Konkurrenz auf den gesamten Gebieten der kommunalen Licht-, Kraft- und Wärmeversorgung, von so grundsätzlicher Bedeutung, daß es zu einer unaufschieblichen Notwendigkeit geworden ist, dem fraglichen Ziele nunmehr in umfassender Arbeit näher zu kommen.

Nachdem mich frühere Untersuchungen über die Wirtschaft von Gas- und Elektrizitätswerken bereits vor einigen Jahren zu einem ganz ähnlichen Resultat geführt haben, auf welches Herr Direktor Kordt verschiedentlich hingewiesen hat, so gestatten Sie mir, bitte, auf Grund meiner vorhergehenden Ausführungen nunmehr an eine grundlegende Erörterung des Problems der Preisbemessung für Gas und Elektrizität und damit der rationellen Licht-, Kraft- und Wärmeversorgung von Stadt- und Landgemeinden heranzutreten, welches von gastechnischer Seite, wie ich zuversichtlich hoffe, bis zu seiner endlichen befriedigenden Lösung verfolgt werden wird.

Ich nenne die Preisbemessung von Gas und Elektrizität ein Problem, sowohl mit Bezug auf die zu gewinnende Vergleichsbasis wie wohl noch mehr mit Rücksicht auf die endgültige Durchführung auf einer gerechten Vergleichsbasis innerhalb der einzelnen Gemeinden. Zur ersten Frage lassen Sie mich kurz erinnern, daß schon mancherlei erkünstelte Vergleichsbasen zur Bewertung von Gas und Elektrizität die verschiedenen lokalen Behörden beschäftigt haben, daß jedoch alle die meist auf Watt und Kalorien beruhenden Vergleichsmomente der Reellität entbehren, um so mehr, als diese infolge der ständigen Fortschritte der Technik eine überaus schwankende und in dauernder Bewegung befindliche Grundlage bedeuten. — Die finanzwirtschaftliche Grundlage, wie wir sie im ersten Teil dieser Ausführungen kennen gelernt haben, ist dagegen ein festes Fundament, auf dem für Gas und Elektrizität eine gerechte Bewertung aufgebaut werden kann.

Ich möchte zunächst den Grundsatz, nach dem für die Folge die Bewertung von Gas und Elektrizität **erstrebt** werden soll, auf Grund meiner früheren Ausführungen, wie folgt, formulieren:

»Jede Stadt- oder Landgemeinde als Besitzerin konkurrierender Gas- und Elektrizitätswerke soll von diesen Unternehmen als reine Gesamt-Nettoüberschüsse nur Beträge anfordern, die gleichhohen Prozentsätzen der jeweils arbeitenden Kapitalien bzw. auch des jeweiligen Buchwertes entsprechen. Die Preise für Gas- und Elektrizität müssen dementsprechend festgesetzt werden.«

Ehe ich auf die Behandlung der vorliegenden Materie eingehe, erscheint es mir noch wichtig, zu erörtern, warum überhaupt nach einem nun seit Jahren und Jahrzehnten bestehenden »friedlichen Wettstreit« von Gas und Elektrizität plötzlich eine so scharfe Fixierung in den beiderseitigen Preisen erstrebt und damit weiterhin vielleicht das so fragwürdige, friedliche Einvernehmen gestört werden soll. Die Antwort hierauf ist: Gas und Elektrizität, die ursprünglich ein durchaus getrenntes Arbeitsfeld besaßen, sind im Laufe der Jahre, besonders aber in der letzten Zeit durch eine Reihe von Erfindungen und technischen Verbesserungen auf beiden Seiten in ihren Wirkungskreisen einander so nahe gerückt, daß sie heute auf dem ganzen Gebiet der kommunalen Licht-, Kraft- und Wärmeversorgung zu r e i n e n K o n k u r r e n t e n geworden sind, denen dementsprechend auch das Recht der f r e i e n K o n k u r r e n z voll und ganz zugestanden werden muß.

Der Ersatz der Kohlenfadenlampe durch die Metallfadenlampe hat die elektrische Kleinbeleuchtung aus einer Luxusbeleuchtung, die noch vor wenigen Jahren einen ca. 4 mal höheren Betriebsaufwand als die gleichwertige Gasbeleuchtung erforderte, so weit verbilligt, daß bei den h e u t i g e n Preisen von Gas und Elektrizität im Durchschnitt etwa nur mehr ein doppelt so hoher Aufwand erforderlich ist. Die elektrische Bogenlampe hat anderseits einen in vielen Fällen überlegenen Gegner in der Preßgasbeleuchtung gefunden. Dem Elektromotor im Kleingewerbe, dessen kolossale Ausbreitung in unmittelbarster Weise durch die künstlich hoch gehaltenen Gaspreise bei niedrigst bemessenen Kraftstrompreisen begünstigt wurde, steht heute trotz der hohen Gaspreise ein ebenbürtiger Gegner im Kleingasmotor gegenüber. Unbestritten ist der Elektrizität das weite Gebiet der elektrischen Bahnen, das der Elektrizität als ureigenstes Gebiet und in voller Anerkennung des hierdurch gewonnenen Kulturfortschrittes zugesprochen werden muß. Das Gebiet der Wärmeversorgung, das dem Gas von elektrotechnischer Seite bislang so w a r m als das e i n z i g richtige Feld der Betätigung empfohlen wurde, bestreitet bis heute das Gas in überragender Weise;

aber auch hierbei machen sich von seiten der Elektrizität umfassende Bestrebungen geltend, sich dieses erstrebenswerte Gebiet zu eigen zu machen. Technische Fortschritte hat die Elektrotechnik auf diesem Gebiete in bemerkenswert rascher Folge schon erzielt, so daß es allmählich immer mehr nur eine Preisfrage werden wird, die dem elektrischen Kochen und Heizen Eingang verschafft.

Haben wir aus diesen kurzen Rissen gesehen, in welch weiten Grenzen Gas und Elektrizität reine Konkurrenten sind, so muß es mit allem Nachdruck als ein schreiendes Unrecht bezeichnet werden, das Gas zugunsten der Elektrizität noch weiterhin durch viel zu hohe Gaspreise niederzuhalten. Mit allem Nachdruck müssen wir fordern und erstreben, daß Gas und Elektrizität, soweit sich die entsprechenden Unternehmen in der Hand ein und derselben Behörde befinden, g l e i c h m ä ß i g zur Hebung der kommunalen Finanzen herangezogen werden.

So gerecht nun auch für jeden wirtschaftlich Einsichtigen die oben aufgestellte Forderung der gleichen Belastung von Gas und Elektrizität ist, so kann man sich natürlich der Ansicht nicht verschließen, daß deren Durchführung von heute auf morgen nicht erfolgen kann. Im Gegenteil, dem einzelnen werden sich bei der Erstrebung obiger Forderung außerordentliche Schwierigkeiten entgegenstellen, die nicht nur im Elektrizitätstaumel der großen Masse und der oft geringen Zahl wirtschaftlich Einsichtiger in den maßgebenden Körperschaften liegt, sondern weit mehr noch in der unabweisbaren Tatsache, daß eben eine Reduzierung der Gaspreise stets, wenn auch vielleicht nur vorübergehend, außerordentlich tief in die kommunale Finanzwirtschaft eingreift. Wenn es auch natürlich nicht Gegenstand der Erörterung sein kann, wie der einzelne dazu Berufene auf mühsamem Wege dem gesteckten Ziele zusteuert, so kann doch ganz allgemein der Ansicht Ausdruck gegeben werden, daß in den meisten Fällen nur im Wege des Kompromisses obiger Forderung nahezukommen sein wird. Eine unmittelbare Reduzierung des Gaspreises, etwa zunächst auf 10 Pf. pro cbm unter rheinischen Verhältnissen, wird selbst unter Hinweis auf die bestehende ungerechte Tarifierung leider nur in verhältnismäßig wenigen Fällen, vor allem nur bei gut fundierten Gemeindefinanzen, zu erreichen sein. Häufiger schon wird es auf Grund einwandfreien finanzwirtschaftlichen Materials möglich sein, eine mittelbare Gaspreisermäßigung in Form irgendwelcher Erleichterungen im Gasbezug, wie sie ja heute verschiedentlich angestrebt und auch teilweise durchgeführt werden, eintreten zu lassen; die Form des Gaseinheitspreises dürfte jedoch mit großer Vorsicht zu gebrauchen sein und darf jedenfalls nur auf Grund einwandfreier und sicherer Berechnungen durchgeführt werden, damit sie auch mit Sicherheit einer Gaspreisermäßigung und nicht einer Gaspreiserhöhung gleichkommt. Sichere und aussichtsreiche Absatzgebiete, wie die des Gaskochens, wird ein gewiegter Kaufmann stets poussieren, nicht bedrücken. In allen Fällen aber muß und kann die uneingeschränkte Forderung gestellt werden, daß die von den Gaswerken an die Gemeinden abgelieferten reinen Gesamt-Nettoüberschüsse in ihrer jetzigen a b s o l u t e n Höhe auch für die Folge ebenfalls nur in gleicher a b s o l u t e r Höhe abgeliefert werden müssen, und zwar so lange, bis die p r o z e n - t u a l e n Überschüsse vom arbeitenden Kapital bei Gas- und Elektrizitätswerk die gleiche Höhe erreicht haben. Stellt auch ein derartiges Zugeständnis die allerunterste Grenze des Entgegenkommens an die Gaswerke dar, so dürfte dieses doch bei Gemeinden mit schlechten Finanzen zugleich das Äußerste des Erreichbaren darstellen. Unentschieden möchte ich auch lassen, inwieweit solch schlecht gestellte Gemeinden eine gerechtere Tarifierung von Gas und Elektrizität etwa durch Erhöhung der oft sehr gedrückten Elektrizitätspreise oder etwa auch nur durch Dämpfung ihrer elektrischen Gefühle erzielen und damit ihre Finanzen bessern können, wenngleich im a l l g e m e i n e n eine Erhöhung der Preise vom volkswirtschaftlichen Standpunkt verurteilt werden muß. Die letztgestellte Forderung der F e s t s t e l l u n g der Gaswerks-Gesamt-Nettoüberschüsse bis zur Erreichung gleicher prozentualer Überschüsse der Gas- und Elektrizitätswerke läßt zugleich die Möglichkeit offen, daß die Zeitdauer der f i x i e r t e n Gaswerksüberschüsse zum Vorteil der einzelnen Gemeindefinanzen k u r z ausfällt, indem sich die Elektrizitätswerke bemühen werden, recht bald gleichhohe prozentuale Gesamt-Nettoüberschüsse wie die Gaswerke abzuwerfen.

Auf welchem Wege im einzelnen das oben gesteckte Ziel auch erreicht wird, so erfordert es auf alle Fälle eine restlos gute Vorbereitung für die kommende Arbeit und eine in sich gefestigte Grundlage für den sichern Aufbau der Bestrebungen; diese aber finden wir vor allem in der sorgfältigen Darstellung der finanzwirtschaftlichen Lage der jeweils konkurrierenden Gas- und Elektrizitätswerke, wie diese im I. Teil dieser Ausführungen besprochen worden ist. Dem Einfluß eines verlässigen Zahlenmaterials kann sich kein Einsichtiger entziehen, und die vergleichenden finanzwirtschaftlichen Untersuchungen werden ihre Wirkung nicht nur auf breitere Kreise der maßgebenden Faktoren sondern auch auf die breiten Massen nicht verfehlen.

Die Stoßkraft der einzelnen wird jedoch angesichts des Heeres wahllos begeisterter Anhänger der Elektrizität in vielen Fällen nicht ausreichen, um nach Wunsch ans Ziel zu gelangen; es erscheint mir daher weiterhin als unbedingte Notwendigkeit, daß auch der Verein der Gas- und Wasserfachmänner als berufenstes Organ zur Wahrung der Interessen des Gases mit voller Macht die Verfolgung des Zieles aufnimmt und hierzu zunächst die grundlegenden Erhebungen in die Wege leitet, auf denen sich dann das Weitere aufbaut. Im Anschluß an meine früheren Ausführungen über die finanzwirtschaftliche Beurteilung der Gaswerksunternehmungen würde ich diese Erhebungen etwa in der Form von Fragebogen nach folgenden Tabellen (Tafel I) a, b, c in Vorschlag bringen. Zur Vermeidung eines Schreckens über 3 Tabellen möchte ich vorbeugend bemerken, daß (abgesehen von den Angaben über die Anlagekosten in Tabelle b) nur Tabelle a der Sammlung aller der notwendigen Angaben für vorliegenden Zweck dient, während Tabelle b ausschließlich der weiteren Verrechnung dieses Materials dient und Tabelle c in Ergänzung der Tabellen a und b einige Zahlenwerte umfaßt, die außerhalb des zunächst beabsichtigten Zweckes für etwaige Vergleiche der Gaswerke unter sich dienen können. Die Haupttabelle a ist so gefaßt, daß sie nach den früher entwickelten Grundsätzen eine klare Übersicht über die finanzwirtschaftliche Lage der einzelnen Unternehmen gibt, im übrigen aber nur das Notwendigste für die Behandlung der vorliegenden Frage erfaßt, ohne zu tief in die Geheimnisse der Finanzwirtschaft der einzelnen Unternehmen einzudringen; die Gruppierung der Werte ist außerdem so allgemein gefaßt, daß es jedem Unternehmen ohne weitergehendere Ermittlungen möglich sein wird, aus seiner Buchführung bzw. den entsprechenden Abschlüssen die entsprechenden Werte zu entnehmen. Nebenbei bemerkt, können die Tabellen in der gleichen Form auch der Verfolgung der Finanzwirtschaft eines einzelnen Unternehmens sowie auch zur vergleichsweisen Gegenüberstellung der finanziellen Ergebnisse der konkurrierenden Gas- und Elektrizitätswerke einer Gemeinde dienen.

Zur kurzen Besprechung der Tabellen als solche sei erwähnt, daß die Ermittlung der Werte für Tabelle a auszugehen hat von dem Bruttoüberschuß (Rubrik 10), von dem aus einerseits unter Hinzurechnung der Aufwendungen für Naturalleistungen (bzw. des Mehraufwandes für Naturalleistungen über etwaige Einnahmen für solche) der sog. Gesamt-Bruttoüberschuß, anderseits unter Abrechnung der Zinsen, Abschreibungen und Tilgungsbeträge der Nettoüberschuß ermittelt wird. Bei der Verrechnung des Gases für die öffentliche

Beleuchtung, welche meist den Hauptteil der Naturalleistungen aus-
macht, ist der Selbstkostenpreis des Gases zugrunde zu legen, der
für vorliegende Zwecke nach der Formel

[Gesamtausgaben (also einschl. Zinsen, Abschr. u. Tilg.)] — [Ge-
samteinnahmen — Einnahmen aus »verkauftem Gas«] dividiert
durch »verkauftes Gas«

ermittelt wird, wobei unter »verkauftes Gas« alle Gasmengen
zu verstehen sind, die außerhalb der eigenen Verwaltung bzw.
Fabrikationsstätte Verwendung finden, also Privatgas aller Art
sowie Gas für öffentliche Beleuchtung und sonstige kommunale
Zwecke, für welche Gas meist unentgeltlich oder zu ermäßigten
Sätzen abgegeben wird.

Die Auswertung der in Tabelle a niedergelegten Werte, welche
in Tabelle b erfolgt, geschieht dort zur Gewinnung eines möglichst
vielseitig verwendbaren Materials durch Ermittlung der Prozentwerte 1. von den Anlagekosten schlechthin, 2. vom Buchwert der
Anlage, 3. von dem wirklichen Wert der bestehenden Anlage. Die
Prozentwerte von den Anlagekosten geben nach Früherem im wesentlichen die Grundlage zur allgemeinen finanzwirtschaftlichen Verfolgung eines Unternehmens sowie auch zum event. Vergleich mit
andern Gaswerksunternehmen; die Prozentwerte vom Buchwert
dienen im vorliegenden Falle dem Vergleich der Gaswerksunternehmen mit den Elektrizitätsunternehmen, der hier ja im Vorder-
grund des Interesses steht. Zur Vervollkommnung des Vergleichs-
materials dienen schließlich noch die Prozentwerte von dem wirklichen Wert der b e s t e h e n d e n Anlage, soweit diese Werte
event. durch besondere Schätzungen bekannt sind; diesen letztgenannten Prozentwerten kommt eine gewisse ideale Bedeutung
zu, als sie sich wohl am vollkommensten zu dem Vergleich der
a u g e n b l i c k l i c h e n finanzwirtschaftlichen Erfolge verschiedener Unternehmen eignen würden, wenn nicht der Mangel an ge-
nügenden Unterlagen hierfür dies hindern würde.

Die Durchführung einer finanzwirtschaftlichen Statistik in
der angegebenen Weise gibt die Möglichkeit, die finanzwirtschaftliche Überlegenheit der Gaswerksunternehmen, wie ich diese im
I. Teil meiner Ausführungen mit schwachen Mitteln darzustellen
versucht habe, mit der ganzen Wucht beweiskräftiger Zahlen nach-
zuweisen, um auf Grund dieses Ergebnisses die weitere Verfolgung
des oben bezeichneten Zieles mit Nachdruck betreiben zu können.
Die endgültige Erreichung dieses Zieles aber ist nicht nur eine Not-

wendigkeit ausgleichender Gerechtigkeit, sondern eine Frage von größter volkswirtschaftlicher Bedeutung.

Die einseitige Bevorzugung der Elektrizität durch geringere finanzielle Belastung der Elektrizitätswerke verhindert, daß der einzelne Bürger wie die gesamte Nation als solche mit der jeweils billigsten gleichwertigen Licht-, Kraft- und Wärmequelle versorgt wird.

Berücksichtigt man, welche bedeutenden Kapitalien in Gas- und Elektrizitätsunternehmen festgelegt sind (in Deutschland betragen sie etwa M. 1500 Mill. für Gaswerke und M. 1150 Mill. für Elektrizitätswerke nach dem Stande vom 1. April 1910), und daß in sehr vielen Fällen technisch mit beiden Energiequellen dieselben Wirkungen erzielt werden können, erinnert man sich weiter, aus den früheren Darlegungen, welcher große Unterschied in der Verzinsung der in Gas- und Elektrizitätswerken angelegten Kapitalien besteht, so kann man ermessen, welche Summen ohne zwingende Gründe dem Nationalvermögen verloren geben. Nur wenn sich Gas und Elektrizität in freier Konkurrenz einander gegenüberstehen, ist die Gewähr geboten, daß stets unter den jeweiligen Verhältnissen die rationellste Licht-, Kraft- und Wärmeversorgung zur Anwendung kommt, wie dies sowohl dem Interesse des einzelnen Bürgers, der Gemeinden als Besitzerinnen dieser Unternehmen wie der gesamten Nation entspricht.

Schluß.

Als Ergebnis meiner heutigen Darlegungen möchte ich nunmehr die folgenden beiden Sätze zur Annahme bzw. zur weiteren Verfolgung der fraglichen Angelegenheiten empfehlen:

1. Die Preisbemessung für Gas und Elektrizität erfolgt bei konkurrierenden Gas- und Elektrizitätswerken auf finanzwirtschaftlicher Grundlage in der Weise, daß die Gas- und Elektrizitätswerke einer Gemeinde Gesamt-Nettoüberschüsse von prozentual gleicher Höhe abwerfen (natürlich unter Berücksichtigung voll entsprechender Abschreibungen).

2. Zur Verfolgung dieser Forderung wird vom Verein von Gas- und Wasserfachmännern eine finanzwirtschaftliche Statistik über die deutschen Gaswerksunternehmen in die Wege geleitet, die sich möglichst auch auf die konkurrierenden Elektrizitätsunternehmen erstreckt.

Ist auf diese Weise erst einmal angebahnt, daß Gas und Elektrizität auf finanzwirtschaftlicher Grundlage beurteilt werden, so ist damit der sichere Weg gefunden, auf dem das Gas endlich aus seiner Aschenbrödelstellung befreit wird und auf dem seine Leistungen neben denjenigen der Elektrizität die volle Anerkennung der Allgemeinheit, vielleicht auch einiger Landräte, finden wird.

Anhang.[1])

Das finanzwirtschaftliche Material, das seit Fertigstellung oben genannten Aufsatzes insbesondere von den Elektrizitätswerksunternehmen bekannt geworden ist, gibt mir Veranlassung, die finanzwirtschaftliche Stellung der Gaswerks- und Elektrizitätswerksunternehmen an Hand dieses Materials noch ergänzend zu charakterisieren.

Die »Statistik der Vereinigung der Elektrizitätswerke« hat bei der letzten Ausgabe für 1910 bzw. 1910/11 in ihrem finanzwirtschaftlichen Teile eine Ausgestaltung erfahren, die in sehr anerkennenswerter Weise der zeitgemäßen Forderung einer sorgfältigen Wirtschaftsstatistik Rechnung trägt. Es ist zu hoffen, daß damit auch für andere Arten von Betriebsunternehmen, insonderheit auch der Gaswerksunternehmen, der Anstoß gegeben ist, eine für i h r e Zwecke geeignete Wirtschaftsstatistik durchzubilden. Ich habe den finanzwirtschaftlichen Teil der Statistik der Vereinigung der Elektrizitätswerke einer Bearbeitung in dem früher besprochenen Sinne unterzogen und das Ergebnis in Tabelle 1 (Tafel II) wiedergegeben.

Die immer noch stark hervortretende Zurückhaltung der Betriebsunternehmen in der Preisgabe ihrer finanzwirtschaftlichen Daten hat auch im vorliegenden Falle zur Folge, daß von den insgesamt 326 Elektrizitätswerksunternehmen, welche die Statistik umfaßt, nur 128 deutsche Elektrizitätswerksunternehmen bzw. 167 Elektrizitätswerksunternehmen einschließlich ausländischer Unternehmen und Unternehmer, die nur teilweise Angaben geliefert haben, in dieser Verarbeitung herangezogen werden konnten. Ist sonach diese Statistik nach der Zahl der einbezogenen Werke noch beschränkt, so umfaßt sie doch von den rd. 1,6 Milliarden nutzbar abgegebenen Kilowattstunden der deutschen Elektrizitätswerks-

---

[1]) Vgl. ds. Journ. S. 772, 845, 868.

unternehmen 595 Mill. bzw. 1000 Mill. nutzbar abgegebene Kilowattstunden und gewährt auch in ihrer Durchbildung dem Fach-
manne in verschiedener Richtung bemerkenswerte Einblicke.
Für die vorliegenden Zwecke wurden zur erhöhten Übersichtlich-
keit die Ergebnisse der Kolonne 3 der Tabelle 1 (Tafel II), d. i. für die

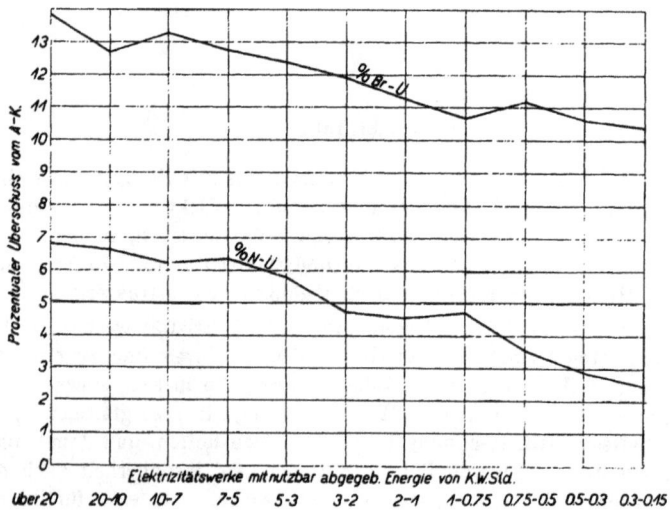

Fig. 12. **Brutto- und Netto-Überschüsse deutscher Elektrizitätswerke.**

deutschen Elektrizitätswerke der Statistik, in Fig. 12 graphisch
dargestellt.

Eine überschlägige Berechnung nach den in Kolonne 3 für die
deutschen Elektrizitätswerksunternehmen gewonnenen Werten und
unter Zugrundelegung der in Tabelle 2 (Tafel II) wiedergegebenen
Statistik über die Zahl der deutschen Elektrizitätswerke nach dem
Stande vom 1. April 1911[1]) ergibt einen durchschnittlichen B r u t t o -
überschuß von 10 bis 11% vom Anlagekapital und einen durchschnittlichen N e t t o überschuß von ca. 4,5% vom Anlagekapital.

---

[1]) Siehe die »Statistik der Elektrizitätswerke in Deutschland« nach dem Stande vom 1. April 1911 von G. Dettmar,
Verlag von Jul. Springer, Berlin W. 9.

Zieht man hierbei noch in Berücksichtigung, daß sich in erster Linie nur die besser rentierenden Elektrizitätswerksunternehmen zur Abgabe ihrer finanzwirtschaftlichen Daten in der vorliegenden Statistik bereitgefunden haben (vergleiche auch Kolonne 3 und 6 der Tabelle 1, Tafel II), so dürften die früher ermittelten Sätze von 10% Bruttoüberschuß und 4% Nettoüberschuß für die Gesamtheit der Elektrizitätswerksunternehmen Deutschlands eher zu hoch als zu tief sein.

Bezüglich der Gaswerksunternehmen ist man bis heute leider nicht in der Lage, der finanzwirtschaftlichen Statistik der Vereinigung der Elektrizitätswerke eine gleichwertige Wirtschaftsstatistik gegenüberzustellen. Als in vieler Beziehung sehr lehrreiches Beispiel über die finanzwirtschaftliche Wertigkeit von Gaswerks- und Elektrizitätswerksunternehmen entnehme ich dagegen aus den diesjährigen Verhandlungen des Deutschen Vereins von Gas- und Wasserfachmännern die nachfolgenden Rentabilitätstabellen des Gaswerkes und des Elektrizitätswerkes der Stadt Düsseldorf in gekürzter Form.

Nach diesen Tabellen ergibt sich:

1. für die Gesamtheit der Betriebsjahre von 1892 bis 1910 ein durchschnittlicher **Netto**überschuß:

für das Gaswerk von 8,62% vom Aktienkapital und 28,79% vom Betriebskapital bei 2,52% bzw. 8,43% Wert der öffentl. Beleuchtung;

für das Elektrizitätswerk von 4,18% vom Aktienkapital und 7,17% vom Betriebskapital bei 1,01% bzw. 1,72% Wert der öffentl. Beleuchtung;

2. für das Betriebsjahr 1910 ein **Netto**überschuß:

für das Gaswerk von 8,19% vom Aktienkapital und 23,14% vom Betriebskapital bei 1,95% bzw. 5,51% Wert der öffentl. Beleuchtung;

für das Elektrizitätswerk von 5,22% vom Aktienkapital und 10,05% vom Betriebskapital bei 1,21% bzw. 2,35% Wert der öffentl. Beleuchtung.

Berücksichtigt man jedoch, daß in »dem gesamten für das Gaswerk bis zum Jahre 1910 aufgewendeten Kapital von M. 18 585 596 die Kaufpreise für Gas- und Elektrizitätskonzessionen der Vororte

Gerresheim, Eller und Rath mit M. 1 500 000 und ferner der Wert eines kostenlos an den Grundstücksfonds abgegebenen Grundstückes im Betrage von M. 2 000 000 mitenthalten ist«, so ergeben sich als Nettoüberschüsse b e i s p i e l s w e i s e für das Jahr 1910:

für das Gaswerk 10,10% vom Aktienkapital und 49,39% vom Betriebskapital gegenüber 5,22% vom Aktienkapital und 10,05% vom Betriebskapital für das Elektrizitätswerk.

Druck von R. Oldenbourg in München.

Sonderabdruck aus dem Journal für Gasbeleuchtung und Wasserversorgung, Nr. 35 vom 31. August 1912

F. Greineder, Die finanzwirtschaftlich

Jahr	Gesamt-Bruttoüberschuß = Brutto-überschuß + Aufwand für Naturalleistungen	Naturalleistungen				Aufwendungen für sonstige Zwecke der Gemeinde (ohneAbzug event. Einnahmen)	Einnahmen für Naturalleistungen		Netto-aufwand für Naturalien (und ähnlichen Leistungen)	Bruttoüberschuß = Gesamteinnahmen abzügl. d. event. Einnahmen für Naturalleistungen minus Gesamtausgaben (ohne Zinsen, Abschr., Tilgung sowie Aufwendungen f. Naturalleistungen)
		Aufwendungen für die öffentliche Beleuchtung (ohne Abzug der eventuellen Einnahmen)								
		a) für Gas (zum Selbstkostenpreis)	b) für Bedienung u. Unterhaltung	c) für Anlage (Aufstellen von Laternen etc.)	Summe der Aufwendungen für öffentl. Belenchtg		a) für die öffentliche Beleuchtung	b) für sonstige Zwecke der Gemeinde		
	1 = 10 + 9	2	3	4	5 = 2 + 3 + 4	6	7	8	9 = (5 + 6) − (7 + 8)	10
	M.	M.	M.	M.	M.	M.	M.	M.	M.	M.

Jahr	Anlagekosten = Summe der bisherigen Aufwendungen für die Anlage seit Gründung bzw. Ankauf des Unternehmens	Buchwert der Anlage	Wert der bestehenden Anlage (eventuell nach besonderer Schätzung)	% von den Anlagekosten						
				Gesamt-Brutto-überschuß	Nettoaufwand für Naturalien		Brutto-überschuß	Zinser	Abschr. aller Art	Netto-überschuß
					a) für	b)				
	M.	M.	M.						%	%

Jahr	Gaserzeugung	»Verkauftes Gas« = [Gesamtgasabgabe − (Verlust + Selbstverbrauch)]			Gesamtausgabe (einschließlich Zinsen, Abschreibungen und Tilgungsbeträgen)	Gesamtnebeneinnahmen (= Gesamteinnahmen abzüglich derjenigen für »verkauftes Gas«)	Einnahmen für »verkauftes Gas«		
		Privatgasabgabe	Gasabgabe für die Gemeinde				Privatgas aller Art	Gas für öffentliche Beleuchtung	für sonstige Zwecke der Gem.
			a) für öffentliche Beleuchtung	b) für sonstige Zwecke					
	cbm	cbm	cbm	cbm	M	M	M.	M.	

er kommunalen Gaswerksunternehmen.

Abschreibungen				Tilgung	Summe der Zinsen, Abschreibungen und Tilgungsbeträge	Netto-überschuß	Gesamt-Nettoüber-schuß = Nettoüberschuß + Nettoaufwand für Naturalleistungen u. ähnlichem	Verwendung des Netto-überschusses		
b) außerordentliche bzw. entspr. Rücklagen in den Reservefonds	c) besonderer Art bzw. entspr. Rücklagen	Summe der Abschreibungen						a) für Erweiterungen (Rücklagen in den Erweiterungsfonds)	b) für besondere Zwecke verschiedener Art	c) Reinablieferung an die Gemeinde (nach Abzug der bereits verrechneten Tilgungsbeträge)
13	14	15	16	17	18	19 = 18 + 9	20	21	22	
M	M	M.	M.	M.	M.	M.	M.	M.	M.	

% vom Buchwert der Anlage							% vom wirklichen Wert der Anlage						
Nettoaufwand für Naturalien		Brutto-überschuß	Zinsen	Abschr. aller Art	Netto-überschuß	Gesamt-Nettoüberschuß	Gesamt-Bruttoüberschuß	Nettoaufwand für Naturalien		Brutto-überschuß	Zinsen	Abschr. aller Art	Netto-überschuß
a) für öffentliche Beleuchtung	b) für sonstige Zwecke							a) für öffentliche Beleuchtung	b) für sonstige Zwecke				
%	%	%	%	%	%	%	%	%	%	%	%	%	%

Anlagekapital 1000 cbm Jahresgaserzeugung, bezogen auf		Selbstkosten des Gases pro cbm	Einnahme für »verkauftes Gas« pro cbm				Mehreinnahme pro cbm »verkauftes Gas« (über die Selbstkosten)	
den Buchwert der Anlage	den wirklichen Wert der bestehenden Anlage	= Gesamtausgaben — Gesamteinnahmen abzügl. derjenigen für Gas	an Private	für öffentliche Beleuchtung	für sonstige Zwecke der Gemeinde	insgesamt (ausgenommen für Selbstverbrauch)	absolut	in Prozenten der Selbstkosten
M.	M.	Pf.	Pf.	Pf.	Pf.	Pf.	Pf./cbm	%

F. Greineder, Die finanzwirtschaftliche

Rentabilitätstabelle der Elektrizitätswerke na...
Stand

Elektrizitätswerke mit nutzbar abgegebener Energie von	1 Deutsche Elektrizitätswerke im Besitze von Gemeinden			2 Deutsche Elektrizitätswerke im Besitze von Gesellschaften			De... Elektriz... im Be... Geme... Gesel...	
KW/Std.	Anzahl d. Werke	Br.-Ü. %	N.-Ü. %	Anzahl d. Werke	Br.-Ü. %	N.-Ü. %	Anzahl d. Werke	B...
über 20 000 000	4	15,33	7,94	3	10,21	4,14	7	1
von 20 000 000 — 10 000 000	11	13,62	6,82	2	7,28	5,10	13	1
» 10 000 000 — 7 000 000	4	13,13	6,11	—	—	—	4	1
» 7 000 000 — 5 000 000	7	13,56	6,98	2	7,63	1,72	9	1
» 5 000 000 — 3 000 000	11	12,82	5,54	1	11,02	2,25	12	1
» 3 000 000 — 2 000.000	12	11,94	4,82	1	8,90	5,35	13	1
» 2 000 000 — 1 000 000	17	11,57	4,18	4	7,31	3,36	21	1
» 1 000 000 — 750 000	6	13,63	6,05	3	10,82	4,95	9	1
» 750 000 — 500 000	7	11,08	3,44	1	4,18	0,43	8	1
» 500 000 — 300 000	17	10,24	3,29	2	2,56	— 2,25	19	
» 300 000 — 150 000	11	10,38	3,18	2	—	—	13	
	107			21			128	

Tabelle 2.

Größenordnung in KW Gesamtleistung	Zahl der Werke
0 — 100	985
101 — 500	769
501 — 1 000	141
1 001 — 2 000	93
2 001 — 5 000	59
5 001 — 10 000	24
über 10 000	29
unbekannt	426
	2 526

Tabelle 3. Rentabilitätstabel...
Düsseldorf.

Etatsjahr	Gesamtanlage-kosten (einschl. der Kosten für abgebrochene Anlagen)	Buchwert
1892	4 822 638	1 377 568
1893	5 052 804	1 413 315
1894	5 165 557	1 328 459
1895	5 289 417	1 151 791
1896	5 422 505	1 005 596
1897	6 342 725	1 621 814
1898	6 489 899	1 436 617
1899	6 845 667	1 463 490
1900	6 993 456	1 305 363
1901	8 987 030	2 908 017
1902	9 198 311	2 827 888
1903	9 769 746	3 044 603
1904	11 317 772	4 137 806
1905	12 120 099	4 510 599
1906	13 908 310	4 372 286
1907	14 925 243	4 726 913
1908	15 439 841	4 584 379
1909	16 334 359	4 973 929
1910	18 585 596	6 585 605

er kommunalen Gaswerksunternehmen.

istik der Vereinigung der Elektrizitätswerke«.
1911.

| | 4 | | | 5 | | | 6 | | 7 | |
| Ausländische Elektrizitätswerke im Besitze von Gemeinden und Gesellschaften | | | Deutsche und ausländische Elektrizitätswerke im Besitze von Gemeinden und Gesellschaften | | | Elektrizitätswerke, die nur teilweise Angaben abgegeben haben | | Deutsche und ausländische Elektrizitätswerke im Besitze von Gemeinden und Gesellschaften, einschl. der Werke mit Teilangaben | | |
Anzahl d. Werke	Br.-Ü. %	N.-Ü. %	Anzahl d. Werke	Br.-Ü. %	N.-Ü. %	Anzahl d. Werke	Br.-Ü. %	Anzahl d. Werke	Br.-Ü. %
3	14,56	6,72	10	14,20	6,76	3	9,25	13	12,84
2	11,24	6,35	15	12,44	6,52	1	11,65	16	12,40
3	12,53	6,11	7	12,90	6,11	—	—	7	12,90
—	—	—	9	12,68	6,19	—	—	9	12,68
2	11,57	4,35	14	12,01	5,40	1	11,06	15	11,95
2	6,41	4,29	15	19,91	4,53	3	11,01	18	10,03
8	11,60	3,37	29	11,23	4,12	4	10,61	33	11,16
1	7,15	1,78	10	10,08	4,36	2	9,08	12	9,88
—	—	—	8	11,05	3,60	1	15,87	9	11,72
—	—	—	19	9,45	2,92	2	9,63	21	9,46
1	12,19	5,04	14	9,67	2,78	—	—.	14	9,67
22			150			17		167	

werkes

Tabelle 4. Rentabilitätstabelle des Elektrizitäts-werkes Düsseldorf.

Davon Wert der öffentlichen Beleuchtung	Etatsjahr	Gesamtanlagekosten (einschl. der Kosten für abgebrochene Anlagen)	Buchwert	Netto-Überschuß	Davon Wert der öffentlichen Beleuchtung
173 068	1892	2 297 709	2 222 212	—	—
175 499	1893	2 349 194	2 146 373	—	—
190 459	1894	2 366 852	2 070 533	500	—
200 230	1895	2 488 553	2 054 172	500	—
215 406	1896	? 544 036	1 948 901	6 980	6 480
203 271	1897	2 636 312	1 859 924	15 809	15 309
196 572	1898	2 708 281	1 748 429	20 203	19 703
205 607	1899	2 841 365	1 660 885	23 947	23 447
206 893	1900	2 924 515	1 570 993	274 372	23 872
224 097	1901	4 741 949	2 627 023	235 926	35 426
250 852	1902	5 175 571	2 638 487	285 087	84 587
239 046	1903	6 128 940	3 217 506	290 587	90 087
263 481	1904	6 785 337	3 594 183	305 855	97 855
262 941	1905	7 649 334	3 883 323	329 682	101 766
280 115	1906	9 679 609	5 278 432	481 845	112 574
299 282	1907	11 694 748	6 758 009	516 303	121 430
324 375	1908	12 955 441	7 383 355	679 311	120 596
345 394	1909	14 008 258	7 812 456	645 901	142 914
363 282	1910	14 794 885	7 681 094	771 648	179 315
4 619 870				4 884 456	1 175 361

www.ingramcontent.com/pod-product-compliance
Lightning Source LLC
Chambersburg PA
CBHW081246190326
41458CB00016B/5937